HANS G. STREPP

FORMELN UND RATSCHLÄGE FÜR DIE TERRESTRISCHE NAVIGATION MIT ELEKTRONENRECHNERN

HANS G. STREPP

Formeln und Ratschläge für die terrestrische Navigation mit Elektronenrechnern

VERLAG KLASING & CO. GMBH, BIELEFELD

2. Auflage

ISBN 3-87412-074-0

Printed in Germany 1983

Umschlagfoto: Hans G. Strepp
Druck: Druckerei Ludwig Auer, Donauwörth

Inhaltsverzeichnis

Vorwort

Als ich mir zu meinem Taschenrechner das Navigation-Pac kaufte, es kostete über 100 Mark, wurde mir klar, daß auch amerikanische Marineoffiziere entdeckt hatten, daß Elektronenrechner auch für die terrestrische Navigation verwendbar sind. Doch das Streben geht nach höheren Algorithmen (Rechengängen oder Programmen): Ephemeriden der Sonne und des Frühlingspunktes (Aries), sechs Magnetkärtchen mit Sterndaten und der nur selten nutzbare Großkreis mit Anfang und Ende und Schritt für Schritt – an ihm ist aber allenfalls die Scheitelbreite und Scheitellänge interessant.
Als Computer-Guru für die Redaktion der YACHT habe ich so ungefähr alle Büchlein und Programme bekommen, die sich mit Navigation befassen – und das hat mich eigentlich über Jahre hinweg gehindert, meine eigene Arbeit zu diesem Thema fertigzustellen. Nun habe ich die astronomische Navigation in den Papierkorb geworfen, denn darüber ist genug geschrieben und gedruckt worden, und die terrestrische Navigation rechnergerecht bearbeitet.
Nicht rechnergerecht haben bislang alle die Kreuzpeilung behandelt. Es ist absurd, da erst die Koordinaten beider Landmarken aus der Karte herauszusuchen – es ist sogar lästig, wenn die Kartenränder 30 cm oder mehr von den Landmarken entfernt sind –, sie in den Rechner zu füttern, sodann die beiden Peilungen, und den Rechner die Koordinaten des Schiffsorts ausrechnen zu lassen, die dann von zwei Kartenrändern aus wieder ins Wasser transportiert werden müssen. Das mag höhere Navigation sein, aber unpraktische.
Ich biete Ihnen hier die Kreuzpeilung so, daß Sie nur die Entfernung der beiden Landmarken in Zentimetern und die Richtung von deren Verbindungsgerade aus der Karte zu nehmen und in den Rechner zu geben brauchen,

dazu die zwei Peilungen, und der Rechner liefert Ihnen die Länge des zweiten Peilstrahls, den Sie in der richtigen Richtung und Zentimeterlänge zur zweiten Landmarke in die Karte zeichnen müssen – dann haben Sie ihren Schiffsort aus Kreuzpeilung (es ist nicht nötig, dabei vergrößerte Breite zu berücksichtigen). Auch für die abgestumpfte Kreuzpeilung liefere ich ein paar Formeln, die, programmiert und auf Kärtchen oder in einen Modul eingemacht, zum richtig abgemessenen zweiten Peilstrahl führen. Die Vierstrichpeilung können Sie in fünf Minuten erledigen und dabei auch den „vierten" Strich, den Querabstand ausrechnen; und sollte der zu knapp ausfallen, auch die nötige Kursänderung, damit es reicht.
Zu solchen Dingen mußte ich freilich die Mathematik suchen, die zum Ziele führt, was vor mir keiner gemacht hat. Für jeden, der Spaß hat, sich noch tiefere Gedanken über Lösungen zu machen, habe ich die nötige Mathematik – es ist hauptsächlich ebene und sphärische Dreiecksberechnung – und noch einige immer mal anfallende Mathematik im ersten Teil zum Nachschlagen und Anwenden im Bedarfsfall aufgeführt. Zu den leistungsfähigen Taschenrechnern gibt es sogenannte Standardprogramme, die zum Teil hochgestochen sind, wie Lösungen quadratischer Gleichungen oder 3×3-Matrix. Aber es sind auch praktische Programme zur Vektorenrechnung und Dreiecksberechnung dabei, die Sie leichter verwenden können, wenn Sie mein kurzes Repetitorium der Geometrie noch mal durchgegangen sind.
Programme mag ich Ihnen nicht liefern, wie Bobby Schenk das in seinem Rechnerbüchlein gemacht hat, denn das nimmt zu viel Platz weg. Ich habe, wo immer das möglich war, die Formeln in einer Reihenfolge gebracht, die fürs Programmieren günstig ist. Ich kann jedoch nicht wissen, welche Programmiertechniken die nächsten Rechnergenerationen verlangen. Da muß sich jeder an die Gebrauchsanweisung halten und versuchen, sein Programm ans Laufen zu bringen. Ausgespart habe ich die Hyperbelnavigation, obwohl die Hyperbelmathematik einfach ist; die Verfahrenstechnik ist es aber nicht. Sie ist auch beim „Range-Range" (Laufzeitmessung der Sendeimpulse von zwei Sendern) des Loran C nicht einfach, weil die Ausbreitungsgeschwindigkeit korrigiert werden muß. Bei diesen Verfahren

kann man sich nicht mal auf die Spezialrechner völlig verlassen (Stand 1981). Ausgespart habe ich auch allzu Simples, wie etwa Relingslog oder geschätzte Ankunftszeit (ETA). Das beliebte Stromdreieck berechne ich bei Reisen in Tidengewässern von Stunde zu Stunde, freihändig nach Augenmaß in der Karte zeichnend, denn auch der teuerste Strömungsatlas gibt den Strom nur ungefähr richtig an. Das hat bei meinen zahlreichen Kanalfahrten bislang noch immer die nächste Tonne auch im Nebel gefunden – außer einmal in der Somme-Bucht, als ich mich aufs Radar verlassen hatte.

Man macht jetzt einen Unterschied zwischen Elektronenrechner und Computer. Wenn Sie einen Rat von mir annehmen wollen: Bleiben Sie beim Rechner, denn zum Computer – auch dem einfachsten mit Punktmatrixanzeigefeld – müssen Sie erst eine Fremdsprache lernen, sei es auch nur einfach Basic.

Nun noch ein Wort an die Software-Fabrikanten. Ich habe mir hier eine Reihe origineller Gedanken gemacht, für die ich Copyright beanspruche. Im übrigen verweise ich dankbar auf das Quellenverzeichnis, das jedem empfohlen sei, der sich für mehr als Führerschein C interessiert. Und zum Schluß möchte ich Herrn Dipl.-Ing. Wolfhart Klasing auf Spiekeroog für seine aufmerksame Manuskript-Lesung danken.

Hamburg, Frühjahr 1982

Vorbesprechung – das sollten Sie lesen

„Zu keiner Zeit in der Geschichte der Navigation hat sich der Seemann bereitwillig der mathematischen Künste bedient."

Charles H. Cotter
Institute of Navigation

Nicht trotzdem – drum sollten Sie das lesen. Die Formelsprache ist in der Nautik noch nicht sehr verbreitet, was kein Wunder ist, denn die üblichen Abkürzungen machen zu lange, unleserliche Formeln, wenn sie auch dem Verständnis entgegenkommen möchten. Doch die deutschen Nautiklehrer haben einen DIN-Normentwurf geschaffen, dessen Formelzeichenbestand freilich für die Zwecke dieses Buches hier nicht ausreicht und auch Schwächen bezüglich der Nutzung des griechischen Alphabets zeigt – nur fünf Buchstaben.

Erlauben Sie mir, Sie etwas in die Formelsprache, die hier verwendet wird, einzuweisen – für den Fall, daß Sie kein Mathematiker, Physiker, Ingenieur oder etwas Ähnliches sind. Formelzeichen sind Stellvertreter für Größen, die aus Betrag und Dimension bestehen; sie bestehen aus einem (!) schräg (kursiv) gedruckten Buchstaben, dem eventuell noch ein Index, ein kleiner tiefergestellter Buchstabe (oder auch einige), oder eine kleine Zahl angehängt sein kann. Zum Beispiel steht h im allgemeinen für Höhe; h_a könnte für Augeshöhe stehen. (Ah ist Amperestunde.) Die Dimension wird in normaler senkrechter Schrift gedruckt; hier werden Einheiten und zusammengesetzte Einheiten des jetzt gesetzlich eingeführten SI-Maßsystems verwendet.

Folgendes müssen Sie nun wissen, um mit den Formeln zurechtzukommen:

In der Summe $a + b - c = d$ sind + und − keine Vorzeichen, sondern Operationszeichen (Operanden), und die Größen oder Zahlen *a, b, c* usw. können sowohl positiv wie negativ sein. Ist z. B. die Abfahrtbreite $+\varphi_A$ (nördlich) und die Breite des Bestimmungsortes $-\varphi_B$ (südlich), dann ist die Breitendifferenz $\Delta_\varphi = (+\varphi_A) - (-\varphi_B) = \varphi_A + \varphi_B$.

Das ist sehr wichtig auch für den Umgang mit dem Rechner. Die Operanden kommen ins Programm, die Variablen muß man ihm vorzeichenrichtig eingeben. Hier wird übrigens mit der Tradition gebrochen, die Vorzeichen (N, S, E, W) hinter die geographischen Koordinaten zu stellen; hier stehen sie davor: N 53° 34.8′ E 009° 51.1′ (hier steht die Schreibmaschine des Autors).

Ein Produkt $a \cdot b$ wird in der Formelsprache ohne Malzeichen oder Malpunkt geschrieben $a\, b$.

Bei Briten und Amerikanern muß Vorsicht bei deren Formeln walten: Das Komma trennt immer Tausender usw (wie beim deutschen Kaufmann der Punkt, beim Wissenschaftler die Lücke). Dem Amerikaner ist der Punkt auf Zeile Dezimalbruchzeichen 8.7 (bei uns 8,7) und der Punkt auf Mitte Malzeichen wie bei uns. Die Null vor einem echten Dezimalbruch wird bei Briten und Amerikanern meist nicht geschrieben; unser 0,24 ist bei denen in USA .24, bei den Briten aber ·24, denn die setzen den Dezimalpunkt auf Mitte und den Malpunkt auf Zeile. „×“ wird nicht verwendet, weil es mit dem Buchstaben x verwechselbar ist. In den Computersprachen wird als Malzeichen * verwendet und die Null Ø geschrieben, um sie vom O unterscheidbar zu machen.

Große, auf Hunderte, Tausende gerundete Zahlen werden oft als Produkt einer Zehnerpotenz geschrieben: Statt 3 600 000 steht dann $3{,}6 \cdot 10^6$ (der Malpunkt darf bei Zahlen nie fehlen). Sehr kleine Dezimalbrüche werden als Produkt mit negativen Zehnpotenzen geschrieben: Statt 0,000 048 steht $4{,}8 \cdot 10^{-5}$ und falls Sie nicht von einer höheren Schule kommen, was ja keine Schande ist, $10^{-5} = 1 : 100\,000$.

Damit beim schrägen Bruchstrich (/) keine Irrtümer entstehen, wird Zusammengehöriges in Klammern gesetzt: Nicht *a/b c*, sondern entweder *(a/b) c oder a/(b c)*.
Winkel können zur Erläuterung einer Zeichnung mit drei Großbuchstaben, z B als „Winkel CAB" benannt werden, wobei der mittlere Buchstabe den Scheitel des Winkels bezeichnet. In Vielecken, angefangen mit dem Dreieck, können die Großbuchstaben zur Eckenbezeichnung auch den betreffenden Eckenwinkel bezeichnen – der Winkel der Ecke A ist *A* und liegt der Seite *a* gegenüber.

Kurse, Richtungen

In der Abendländischen Navigation ist die Richtungsgrundlage, der regierende Richtungsbezug, geographisch Nord, kurz: Nord. Es ist in den exakten Wissenschaften üblich, einem Grundbegriff das einfache Formelzeichen zu geben und Abweichungen davon oder Nebenbezüge durch diesen Buchstaben mit einem Index zu kennzeichnen. N ist hier die Richtung, in der der Nordpol liegt – da bedarf es keines Hinweises „rw".
Entsprechend ist in dieser erhabenen Gründlichkeit geordneten Denkens $\varkappa$ (kappa ohne Index) der Kartenkurs und P eine rechtweisende Peilung, eine mißweisende oder magnetische dagegen P_m · P_1 und P_2 sind als erste und zweite (rechtweisende) Peilung zu übersetzen.
Das Manuskript zu diesem Buch wurde vor Erscheinen des Normentwurfs DIN 13 312 geschrieben. Der Entwurf hat mich nicht genug überzeugen können, um meine Formelzeichen zu ändern. Nur in einer Sache habe ich beklommen gegen den Normentwurf gelökt: Die Geschwindigkeit wird stellenweise mit einem großen *V* bezeichnet, um darzustellen, daß sie im Maß Knoten gemeint ist, wogegen *v* m/s meint, sofern nichts anderes dazu vermerkt ist.

0. MATHEMATISCHE GRUNDLAGEN

In diesem Hauptabschnitt werden ohne Beweisführung die wichtigsten mathematischen Grundlagen für den Nautiker angeführt; wo nötig mit knapper Erklärung des Zusammenhangs. Die Abschnitte sind:

0.0 Ebene Trigonometrie, Winkelfunktionen
0.1 Sphärische Trigonometrie
0.2 Mathematische Geographie
0.3 Cartesische (ebene) Koordinaten
0.4 Polarkoordinaten
0.5 Maßstabsrechnen
0.6 Logarithmen
0.7 Planimetrie

0.0 Ebene Trigonometrie

Rechtwinkliges Dreieck 0.00

Die Winkel werden hier mit dem Großbuchstaben ihrer Ecke bezeichnet. Die dem Winkel gegenüberliegende Seite bekommt dieselbe Bezeichnung mit Kleinbuchstaben (Abb 0.00).

a und b = Katheten; c = Hypothenuse; $a^2 + b^2 = c^2$

$$\sin A = \frac{a}{c} = \frac{\text{Gegenkathete}}{\text{Hypothenuse}} \qquad \frac{1}{\sin A} = \frac{c}{a} = \text{cosec } A$$

$$\cos A = \frac{b}{c} = \frac{\text{Ankathete}}{\text{Hypothenuse}} \qquad \frac{1}{\cos A} = \frac{c}{b} = \sec A$$

$$\tan A = \frac{a}{b} = \frac{\text{Gegenkathete}}{\text{Ankathete}} \qquad \frac{1}{\tan A} = \cot A$$

$$\cot A = \frac{b}{a} = \frac{\text{Ankathete}}{\text{Gegenkathete}} \qquad \frac{1}{\cot A} = \tan A$$

Abb 0.00

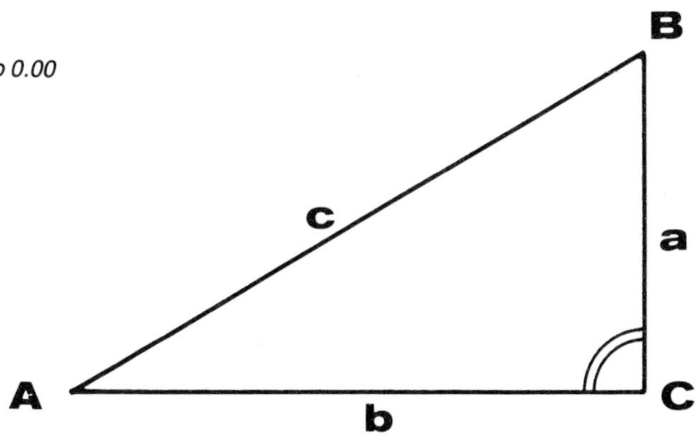

Einheitskreis **0.01**

Macht man im rechtwinkligen Dreieck die Hypothenuse = 1, dann ist die A gegenüberliegende Kathete a der Sinus und die anliegende Kathete der Cosinus und a/b der Tangens des Winkels A, also

$$\tan A = \sin A/\cos A$$

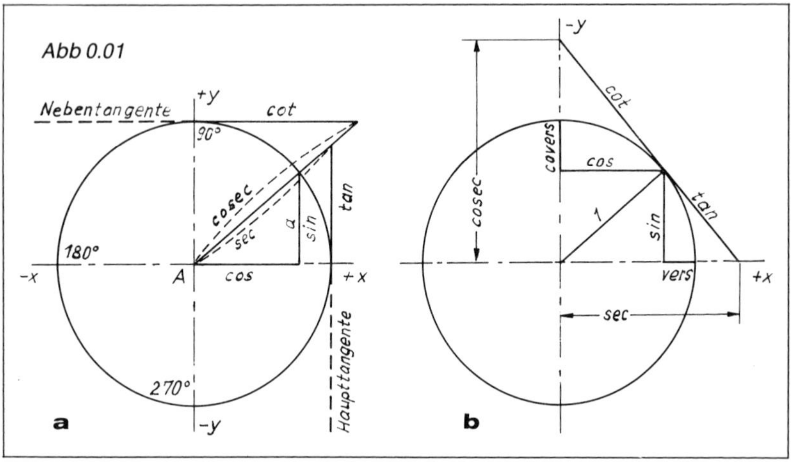

Schlägt man um die Spitze des Winkels A mit der Einheitshypothenuse als Radius (r = 1) einen Kreis, so lassen sich alle Funktionen des Winkels A als Strecken deuten, wie in Abb 0.01 a und Abb 0.01 b gezeigt. Die mit „tan“ bezeichnete Tangente an den Einheitskreis heißt *Haupttangente;* die mit „cot“ bezeichnete *Nebentangente.* Beachte weiter die Koordinatenbezeichnungen mit x-Achse und y-Achse, nach denen man für die Koordinaten des Einheitskreises auch sagen kann y = sin A und x = cos A.

Dargestellt sind auch die in der Nautik häufig verwendeten Versusfunktionen:

Sinus versus A = vers A = 1 − cos A
Cosinus versus A = covers A = 1 − sin A
Halber vers A = hav A = sem A* = $\frac{1}{2}$ (1 − cos A)
(* In Deutschland übliche Bezeichnung)

Aus den Abbildungen des Einheitskreises sind ferner ersichtlich die *Komplementbeziehungen:*

$$\cos A = \sin (90° - A) = \sin B$$
$$\cot A = \tan (90° - A) = \tan B$$
$$\operatorname{cosec} A = \sec (90° - A) = \sec B$$

Abb 0.01 b ist nur eine Umstellung von Abb 0.01 a nach der Beziehung ähnlicher Dreiecke.

Funktionsvorzeichen **0.02**

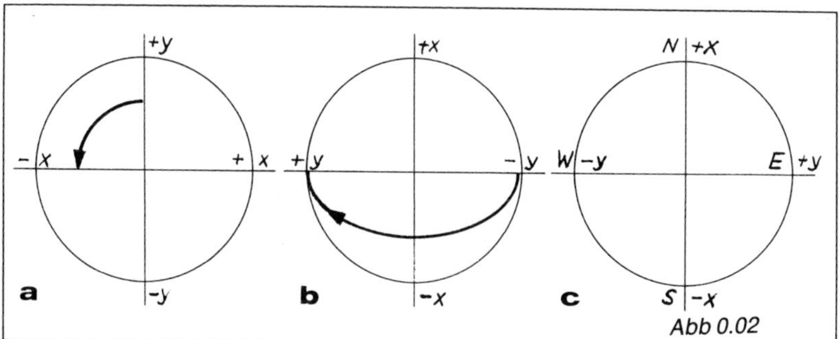

Abb 0.02

Zwischen der mathematischen Definition der Winkelfunktionsvorzeichen und jener in Astronomie, Nautik und Geodäsie besteht ein wichtiger Unterschied, der den nur mathematisch Ausgebildeten (höhere Schule) zu Fehlern verleiten kann; dies um so mehr, wenn er mit den allgemeinen elektronischen Rechnern arbeitet, deren Winkelfunktionen nach der mathematischen Definition programmiert sind.

020 Mathematische Definition

Der Einheitsvektor im Einheitskreis läuft von der positiven X-Achse aus *links* herum durch die Quadranten I...IV, wie schon im Abschnitt 0.01 gezeigt. Die X-Achse liegt wie in der Mathematik üblich waagerecht (Abb 0.02 a).

021 Nautische Definition

Die Winkel der Nautik zählen im Uhrzeigersinn – Kurse, Peilungen, Azimut. Die Zählung beginnt von der senkrechten Achse aus. Um den Zusammenhang mit den mathematischen Winkelfunktionen zu wahren, hat man dazu das mathematische Koordinatensystem um seinen Anfangpunkt 0 um 90° nach links gedreht (Abb 0.02 b), so daß die X-Achse nun senkrecht steht. Die Nordrichtung ist die positive X-Achse, die Südrichtung die negative. Die Drehung führt dazu, daß die Ostrichtung durch die negative Y-Achse dargestellt wird, die Westrichtung dagegen positives Vorzeichen bekommt. Die Astronomie (und teilweise die Geodäsie) nimmt das hin. Wegen der Linksdrehung des Achsenkreuzes spricht man hier vom „Linkssystem". Dieses Koordinatensystem verlangt jedoch – *bei Rechenmaschinen* zwingend* – die negative Einsetzung des Winkels, weil der Radiusvektor rechts herum, also in mathematisch negativer Richtung umläuft. (Rechenmaschinen mit Umwandlungsautomatik für Polarkoordinaten geben so die x-Koordinate für N positiv und für S negativ; die y-Koordinate für E positiv und für W negativ.)
Die *deutsche Nautik* bevorzugt negatives Vorzeichen für West und positives für Ost. Dazu muß das Koordinatensystem des Einheitskreises (Abb 0.02 b) noch 180° um die (senkrechte) X-Achse geklappt werden (Abb 0.02 c). Dieser Trick hat beträchtliche Vorteile, denn nun ist die Rechtsdrehung des Radiusvektors positiv, und die Vorzeichen der Winkelfunktionen sind

---

* Ausgenommen Spezialrechner für die Navigation.

in den navigatorischen Quadranten der Kompaßrose dieselben wie im mathematischen System. Das erleichtert vor allem die Arbeit mit mathematischen Rechnern in der terrestrischen Navigation und beim Koppeln. (Der Umklapptrick von Abb 0.02 b zu Abb 0.02 c entspricht einer Betrachtung der Abb 0.02 b von der anderen Seite des Papiers, wie Sie leicht mit einer Skizze überprüfen können.)

023 Zusammenfassung: Nautische Koordinaten

Die X-Achse liegt in N-S-Richtung; N positiv, S negativ.
Die Y-Achse verläuft in E-W-Richtung; E positiv, W negativ.
Die Umlaufrichtung des Radiusvektors 1 (für Kurse, Peilungen, Azimute) ist entsprechend der Gradteilung der Kompaßrose rechtsherum positiv.
MERKE: Dieses Koordinatensystem entspricht hinsichtlich der Vorzeichen der Winkelfunktionen der mathematischen Definition, nicht aber hinsichtlich der Achsenlage und positiven Drehrichtung des Radiusvektors 1. Der nautische Cosinus wird z B auf der *senkrechten* Achse abgebildet.

032 Doppelte und halbe Winkel

$$\sin 2A = 2 \sin A \cos A$$
$$\cos 2A = \cos^2 A - \sin^2 A = 1 - 2\sin^2 A = 2\cos^2 A - 1$$

$$\sin \frac{A}{2} = \sqrt{\frac{1 - \cos A}{2}}$$
$$\cos \frac{A}{2} = \sqrt{\frac{1 + \cos A}{2}}$$

033 Potenzen

$$\sin^2 A = \frac{1}{2}(1 - \cos 2A)$$
$$\cos^2 A = \frac{1}{2}(1 + \cos 2A)$$

$$\sin^2 \frac{A}{2} = \frac{1}{2}(1 - \cos A) = \text{sem } A$$

Durch Umstellen der Winkel-(Ecken) und Seitenbezeichnungen – am besten macht man sich dazu eine etwa maßstäbliche Skizze – können ebene schiefwinklige Dreiecke mit obigen Formeln alle gelöst werden.

Vorzeichen der Winkelfunktionen

Funktion / Quadrant	I	II	III	IV
sin, cosec	+	+	−	−
cos, sec	+	−	−	+
tan, cot	+	−	+	−
vers, covers, hav (sem)	+	+	+	+

Zusammenhänge trigonometrischer Funktionen 0.03

031 Desselben Winkels

$$\sin^2 A + \cos^2 A = 1$$

$$\tan A = \frac{\sin A}{\cos A} = \frac{1}{\cot A}$$

$$\cot A = \frac{\cos A}{\sin A} = \frac{1}{\tan A}$$

$$\tan A \cot A = 1$$

$$1 + \tan^2 A = \frac{1}{\cos^2 A}$$

$$1 + \cot^2 A = \frac{1}{\sin^2 A}$$

032 Summe und Differenz zweier Winkel

$$\sin(A \pm B) = \sin A \cos B \pm \cos A \sin B$$

$$\cos(A \pm B) = \cos A \cos B \mp \sin A \sin B$$

$$\tan(A \pm B) = \frac{\tan A \pm \tan B}{1 \mp \tan A \tan B}$$

$$\cot(A \pm B) = \frac{\cot A \cot B \mp 1}{\cot B \pm \cot A}$$

$$\sin(A + B)\sin(A - B) = \cos^2 B - \cos^2 A$$

$$\cos(A + B)\cos(A - B) = \cos^2 B - \sin^2 A$$

Schiefwinkliges Dreieck

0.04

040 Graphische Hinweise

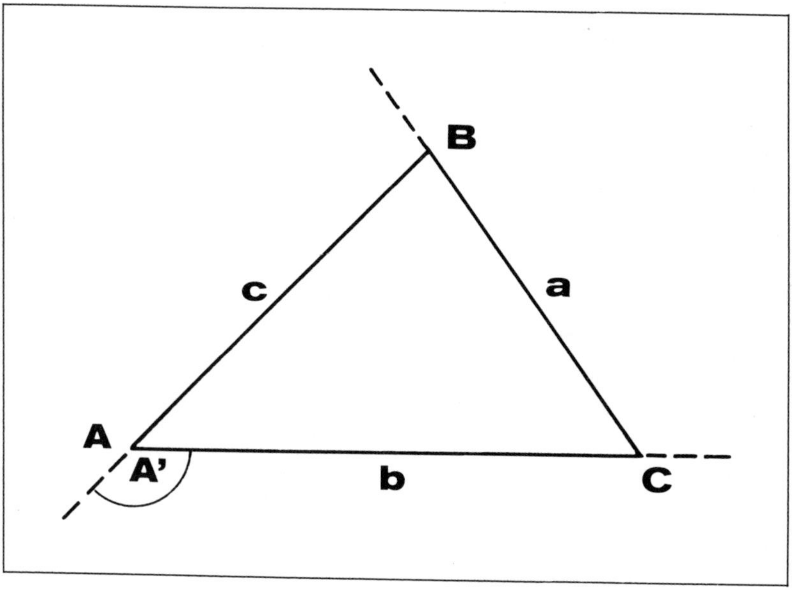

Σ Innenwinkel = A + B + C = 180°
Σ Außenwinkel = A' + B' + C' = 360°

Seiten:	$a + b > c$	$a - b < c$
	$b + c > a$	$b - c < a$
	$a + c > b$	$a - c < b$

Umkreismittelpunkt = Schnittpunkt der in den Halbierungspunkten der Seiten nach innen errichteten Lote.
Innenkreismittelpunkt = Schnittpunkt der Winkelhalbierenden.

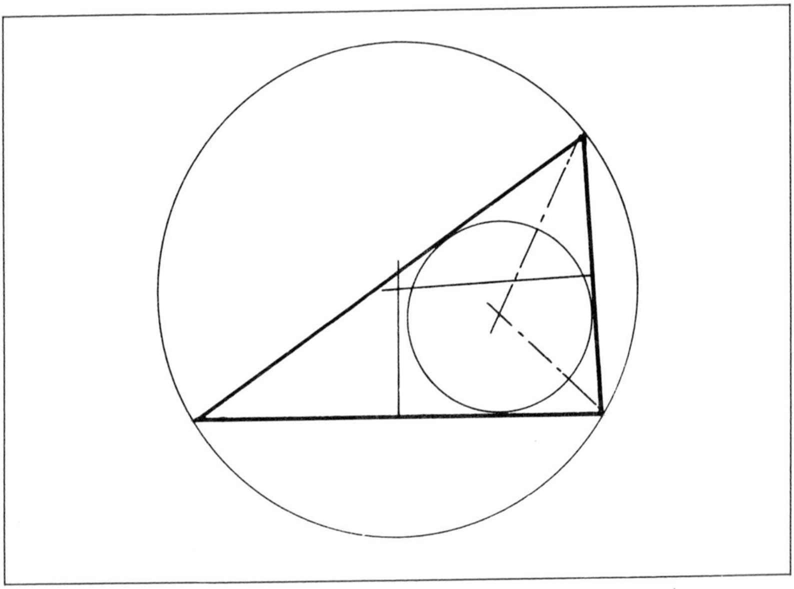

041 Trigonometrische Lösungen

Sinussatz $a : b : c = \sin A : \sin B : \sin C$

Cosinussatz: $a^2 = b^2 + c^2 - 2bc \cos A$

$b^2 = a^2 + c^2 - 2ac \cos B$

$c^2 = a^2 + b^2 - 2ab \cos C$

Umkreisradius:

$$r = \frac{a}{2\sin A} = \frac{b}{2\sin B} = \frac{c}{2\sin C}$$

Abb nächste Seite

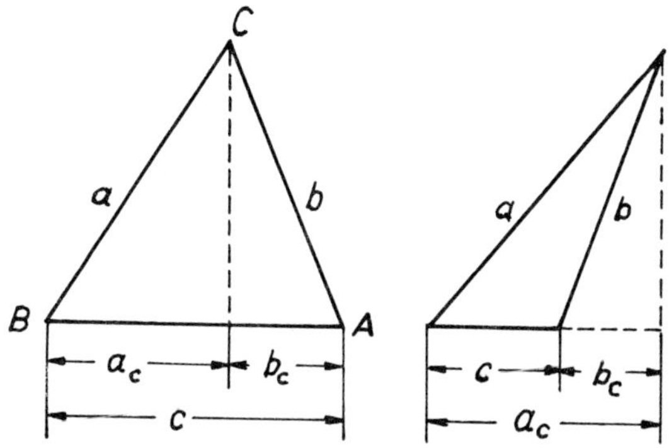

Lösungsgänge

gegeben	ges	Formel	Bemerkung
a, b, c	A	$\cos A = \frac{c^2 + b^2 - a^2}{2\,bc}$	cos-Satz
a, b, A	B	$\sin B = \frac{b \sin A}{a}$	sin-Satz, b > a = 2 Lösungen
	C	$C = 180° - (A + B)$	$A + B + C = 180°$
	c	$c = \frac{a \sin C}{\sin A}$	sin-Satz
a, b, C	A	$\tan A = \frac{a \sin C}{b - a \cos C}$	
	B	$B = 180° - (A + C)$	$A + B + C = 180°$
	c	$c = \frac{a \sin C}{\sin A}$	sin-Satz
a, A, B	b	$b = \frac{a \sin B}{\sin A}$	sin-Satz
	C	$C = 180° - (A + B)$	$A + B + C = 180°$
	c	$c = \frac{a \sin C}{\sin A}$	sin-Satz

0.1 Sphärische Trigonometrie

Sphärische Dreiecke liegen auf einer Kugeloberfläche und werden von drei Hauptbögen (Teile von Großkreisen) gebildet.

Großkreise sind die Schnittlinien, die durch den Kugelmittelpunkt gelegte Ebenen mit der Kugeloberfläche bilden. Großkreise haben den Radius der Kugel.

Nebenkreise sind Schnittlinien von Ebenen mit der Kugeloberfläche, die *nicht* durch den Kugelmittelpunkt führen. Die Radii der Nebenkreise sind immer kleiner als der Kugelradius.

Sphärische Zweiecke werden von zwei Großkreisen gebildet.
Weil drei Großkreise auf einer Kugel mehrere Dreiecke bilden, wird mathematisch festgelegt, daß das Kugeldreieck in Betracht kommt, bei dem die Winkel und Seiten (→ unten) kleiner als 180° sind. Diese mathematische Festlegung *gilt nicht für die Nautik.*
Die Winkelfunktionen der sphärischen Trigonometrie sind nicht anders als die der ebenen Trigonometrie. Die Größe der Seiten (Hauptbögen) wird jedoch im Winkelmaß des Winkels zwischen Anfang und Ende des jeweiligen Hauptbogens am Kugelmittelpunkt angegeben. Die Größe einer sphärischen Seite ist also ebenfalls als trigonometrische Funktion ausdrückbar und stimmt für jede Kugelgröße. Die Länge einer sphärischen Seite (eines Bogen allgemein) in Metern, Seemeilen oder einem anderen Längenmaß wird bestimmt von der Größe der Kugel, d. h. von ihrem Radius.

Bezeichnungen im sphärischen Dreieck

Seiten	a, b, c	entsprechend der hier gewählten Bezeichnungen fürs ebene Dreieck ohne griech. Buchstaben
Winkel	A, B, C	

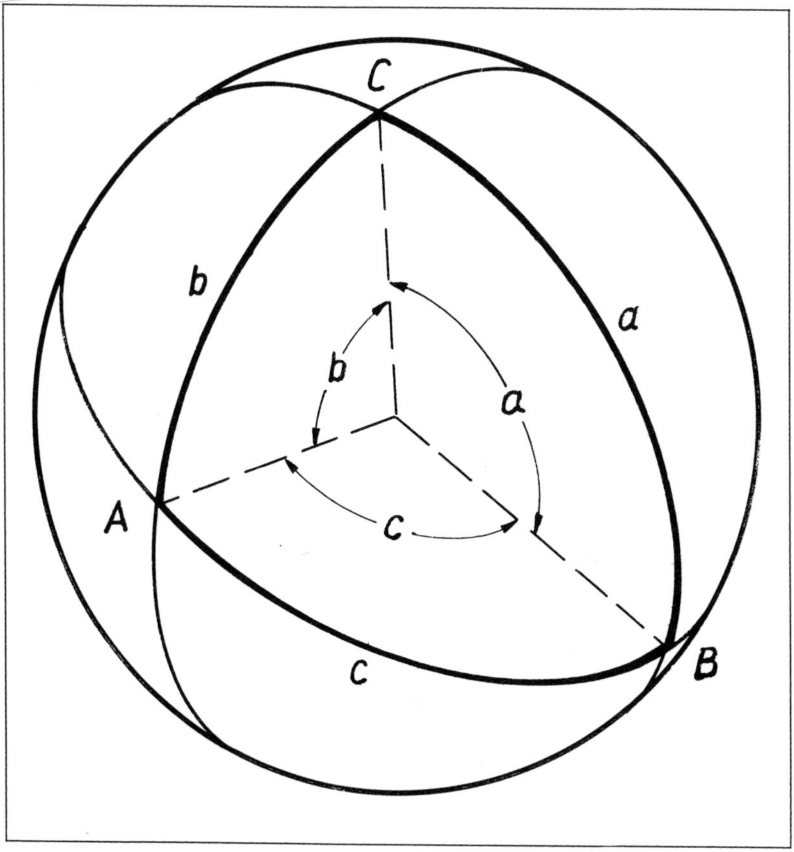

Grenzfälle des sphärischen Dreiecks

Würden die drei Ecken A, B, C zusammenfallen, wäre die Summe der drei Seiten gleich null; lägen sie auf demselben Großkreis, wäre das Dreieck zur Halbkugel entartet und die Summe der Seiten gleich 360°. Folglich gilt für die **Summe der Seiten** eines sphärischen Dreiecks:

$$0° < (a + b + c) < 360°$$

Läßt man ein sphärisches Dreieck sehr klein werden, dann wird es einem ebenen Dreieck immer ähnlicher, bei dem die Summe der Winkel gleich 180° ist; läßt man es zur Halbkugel entarten, dann tritt dreimal der Neigungswinkel 180° zwischen den Großkreisebenen auf, also die Grenzsumme der Winkel von 540°. Folglich gilt für die **Summe der Winkel** im sphärischen Dreieck:

$$180° < (A + B + C) < 540°.$$

Im sphärischen Dreieck ist also der dritte Winkel *nicht* bestimmt, wenn die zwei anderen Winkel bekannt sind; es müssen alle drei Winkel berechnet werden.

Rechtwinkliges sphärisches Dreieck 0.10

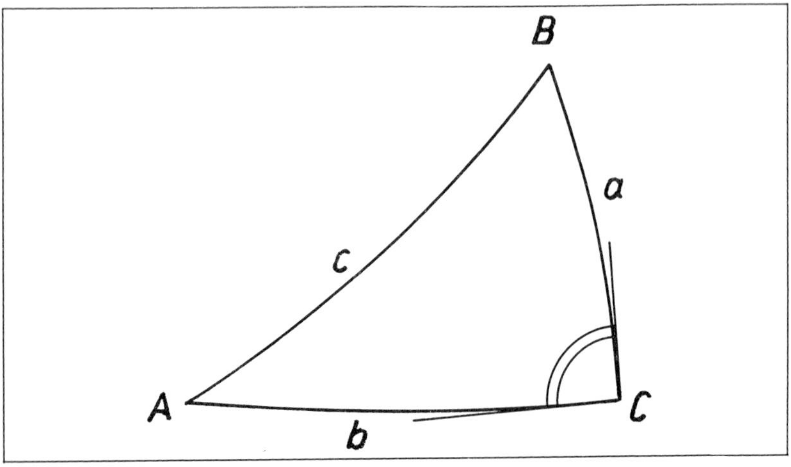

Bezeichnungen wie beim ebenen rechtwinkligen Dreieck:
Ist $C = 90°$, dann sind a und b die Katheten und c die Hypothenuse.

$\sin a = \sin A \sin c$	$\cos A = \cos a \sin B$
$\sin a = \tan b \cot B$	$\cos A = \cot c \tan b$
$\sin b = \sin c \sin B$	$\cos B = \sin A \cos b$
$\sin b = \tan a \cot A$	$\cos B = \cot c \tan a$
$\cos c = \cot A \cot B$	

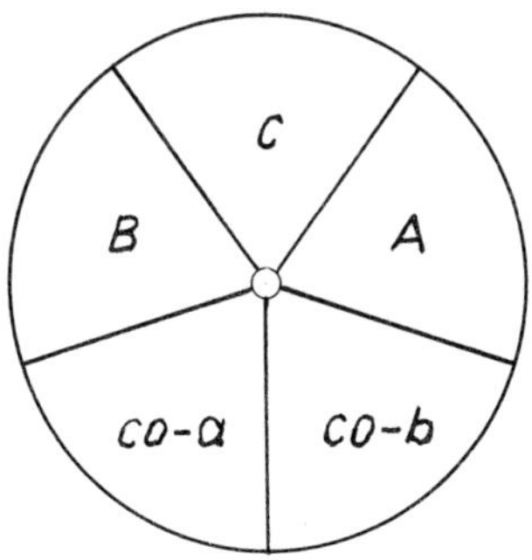

Abb 102a

101 Napiersche Regeln

Oben angeführte Formeln lassen sich in der Napierschen Regel zusammenfassen:
Bilde fünf Kreissegmente (Abb 102 a) und schreibe der Reihenfolge nach *bei Auslassung des rechten Winkels C* die Stücke in je einen Sektor, wobei die Katheten durch ihre Komplemente ersetzt werden (90°— X); so ist der

Cosinus eines Stückes (von 5) gleich dem Produkt der Sinus der beiden nicht benachbarten Stücke oder
gleich dem Produkt der Cotangenten der beiden benachbarten Stücke.

$$\cos(90 - b) = \sin c \sin B = \cot(90 - a) \cot A$$
$$\sin b = \sin c \sin B = \tan a \cot A \qquad \text{usw.}$$

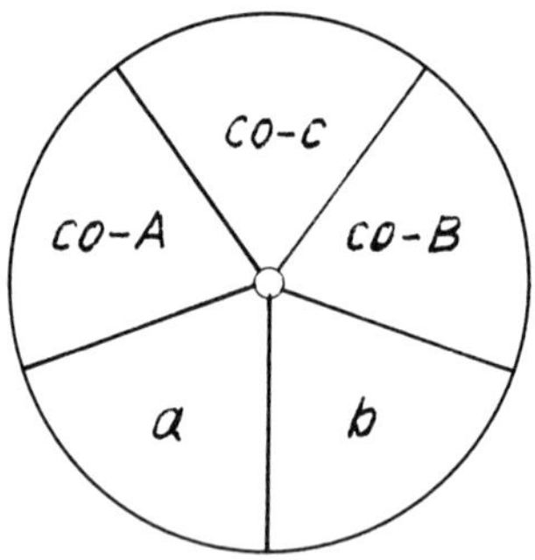

Abb 102b

Die *amerikanische* und *englische* Auslegung der Napierschen Regel (Abb 102 b) bevorzugt, die Katheten in ihrer Originalform zu lassen und die anderen Stücke in ihrer Komplementform zu behandeln. Die Formeln lauten dann:

Der Sinus des Mittelstücks ist gleich dem Produkt der Tangenten der beiden benachbarten Stücke oder
gleich dem Produkt der Cosinus der beiden nicht benachbarten Stücke. (Es ist nur eine Umkehrung der in Deutschland üblichen Auslegung; die Formeln bleiben sich praktisch gleich.)

Regel: Im rechtwinklig sphärischen Dreieck ist entweder keine Seite stumpf (stumpf >90°), oder es sind zwei Seiten stumpf. Seite c (Hypothe-

nuse) ist $< 90°$, wenn die Katheten a und b im selben Quadranten liegen; liegen sie in verschiedenen Quadranten, ist $c > 90°$. Ein spitzer Winkel und seine gegenüberliegende Seite liegen im selben Quadranten.
Sind von einem rechtwinklig sphärischen Dreieck zwei Größen bekannt, lassen sich die anderen berechnen.

Schiefwinklig sphärisches Dreieck 0.11

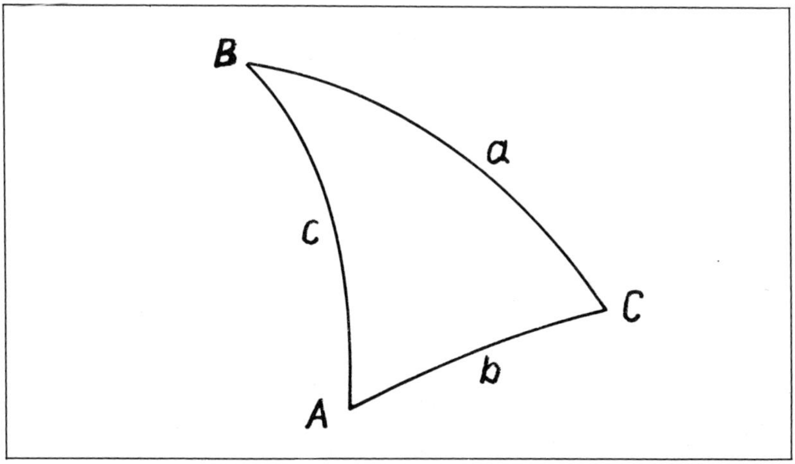

Sinussatz:

$$\sin a : \sin b : \sin c = \sin A : \sin B : \sin C$$

Seitencosinussatz:

$$\cos a = \cos b \cos c + \sin b \sin c \cos A$$
$$\cos b = \cos c \cos a + \sin c \sin a \cos B$$
$$\cos c = \cos a \cos b + \sin a \sin b \cos C$$

Winkelcosinussatz:

$$\cos A = -\cos B \cos C + \sin B \sin C \cos a$$
$$\cos B = -\cos C \cos A + \sin C \sin A \cos b$$
$$\cos C = -\cos A \cos B + \sin A \sin B \cos c$$

Halbversussatz: (sem)

$$\text{hav } a = \text{hav } (b - c) + \sin b \sin c \text{ hav } A$$

Zur Erinnerung: $\text{hav } a = \sin^2 \frac{a}{2} = \frac{1}{2}(1 - \cos a)$

Sphärischer Exzeß:

Der Überschuß der Winkelsumme über 180° heißt sphärischer Exzeß (ε);
$\varepsilon = A + B + C - 180°$

Fläche des Kugeldreiecks

$A = r^2 \text{ arc } \varepsilon$

worin r der Kugelradius und arc ε der Winkel in natürlichem Bogenmaß (Bogen im Einheitskreis) ist, d h: arc $\varepsilon = (\pi\, \varepsilon)/180 = \varepsilon$ rad.
„rad“ (Radiant) drückt einen Winkel im Bogenmaß aus: 1 rad ist der ebene Winkel, für den das Verhältnis der zugehörigen Bogenlänge zum Radius des Bogens gleich 1 ist. 1 rad $\triangleq$ 57° 17′ 45″ $\approx$ 57,3°.

Lösungsgänge für schiefwinklige sphärische Dreiecke

Gegeben	ges	Formel	Bemerkung
a, b, c	A	$\cos A = \dfrac{\cos a - \cos b \cos c}{\sin b \sin c}$	Seitencos-S
	B	$\sin B = \dfrac{\sin b \sin A}{\sin a}$	Sin-Satz (1)
	C	$\sin C = \dfrac{\sin c \sin A}{\sin a}$	Sin-Satz (1)
b, c, A	a	$\cos a =$ $\cos b \cos c + \sin b \sin c \cos A$	Seitencos-S
	B	$\sin B = \dfrac{\sin b \sin A}{\sin a}$	Sin-Satz
	C	$\sin C = \dfrac{\sin c \sin A}{\sin a}$	Sin-Satz
b, c, B	C	$\sin C = \dfrac{\sin c \sin B}{\sin b}$	Sin-Satz
	A	$\sin A = \dfrac{\sin b \sin C}{\sin c}$	Sin-Satz
	a	$\cos a =$ $\cos b \cos c + \sin b \sin c \cos A$	Seitencos-S
a, B, C	A	$\cos A =$ $-\cos B \cos C + \sin B \sin C \cos a$	Winkelcos-S
	b	$\sin b = \dfrac{\sin B \sin a}{\sin A}$	Sin-Satz
	c	$\sin c = \dfrac{\sin C \sin a}{\sin A}$	Sin-Satz

Fortsetzung Seite 30

Gegeben	ges	Formel	Bemerkung
b, B, C	c	$\sin c = \dfrac{\sin C \sin b}{\sin B}$	Sin-Satz
	a	$\tan \dfrac{a}{2} = \dfrac{\tan \dfrac{b+c}{2} \cos \dfrac{B+C}{2}}{\cos \dfrac{B-C}{2}}$	Napiers Analogie*
	A	$\sin A = \dfrac{\sin a \sin B}{\sin b}$	Sin-Satz
A, B, C	a	$\cos a = \dfrac{\cos A + \sin B \sin C}{\sin B \sin C}$	Winkelcos-S
	b	$\sin b = \dfrac{\sin B \sin a}{\sin A}$	Sin-Satz
	c	$\sin c = \dfrac{\sin C \sin a}{\sin A}$	Sin-Satz

(1) Es können auch alle Winkel nach dem Seitencosinussatz oder nach dem Halbwinkelsatz berechnet werden, oder der erste Winkel nach dem Halbwinkelsatz, die übrigen nach dem Sinussatz. *Die Napiersche Analogie ist in den Formeln nicht aufgeführt; sie wird nur in diesem Falle gebraucht.

Die Lösungsgänge in vorstehender Tabelle sind nach den gegebenen Stücken geordnet von oben nach unten:

a) Drei Seiten gegeben
b) Zwei Seiten und eingeschlossener Winkel gegeben
c) Zwei Seiten und einer Seite gegenüberliegender Winkel
d) Eine Seite und beide anliegende Winkel
e) Eine Seite, ein anliegender und ein gegenüberliegender Winkel
f) Drei Winkel gegeben

0.2 Mathematische Geographie

Erdabmessungen 0.20

200 Erdgestalt

Obwohl es nicht ganz richtig ist, wie man heute aus Satellitenmessungen weiß, wird die Erde für kartographische Zwecke noch als Rotationsellipsoid mit einer sehr kleinen Abflachung an den Polen angesehen – und das noch nicht einheitlich. Amerikanische Kartographen verwenden ein anderes Ellipsoid als die Ostblockstaaten, und deren Ellipsoid ist ein anderes als das sogenannte internationale. Für den Nautiker hat das jedoch keine praktische Bedeutung.

Maß	km	sm
Halbe Erdachse	6 356,8	3 432,7
Äquatorradius	6 378,1	3 444,2
Meridianumfang	39 940,6	21 567,9
Äquatorumfang	40 074,8	21 640,4
Mittlerer Erdradius	6 371,0	3 440,3
Erdmasse	$\approx 5{,}99 \cdot 10^{21}$ t	
Mittlere Erddichte	$\approx 5{,}517$ kg/dm^3	

201 Nautische Näherungsmaße

Mittlerer Erdradius $\approx$ 6370 km $\triangleq$ 3439,8 sm
Erdumfang 360° $\approx$ 40 000 km $\triangleq$ 21 600 sm
Länge eines Bogengrades = 60 sm $\triangleq$ 111,12 km
In der deutschen Nautik wird die Erde als Kugel aufgefaßt. Entsprechend sind die Meridionalteile zur Berechnung von Kursen mit vergrößerter Breite in nautischen Tafeln berechnet. (In Tafeln der USA sind die Meridionalteile auf Clarkesches Ellipsoid berechnet.)

Geographische Koordinaten 0.21

1981 ist beim Deutschen Institut für Normung (DIN) der Normentwurf DIN 13 312 „Navigation“ zur Vereinheitlichung der Benennungen, Abkürzungen, Formelzeichen und graphischen Symbole eingereicht worden. Er klebt noch sehr an unnötig umständlichen Traditionen. Ich mag mich dem nicht voll anschließen.
Die Abszisse (x-Achse) ist der *Nullmeridian* (ehemals der durch die Sternwarte von Greenwich, heute durch einen gedachten Punkt am Äquator, womit der Zeitausgang frei von Störungen durch die Polbewegungen bleibt). Die Ordinate (y-Achse) ist der Äquator; Abb 0.21. (Vergl Abschnitt 0.02.)

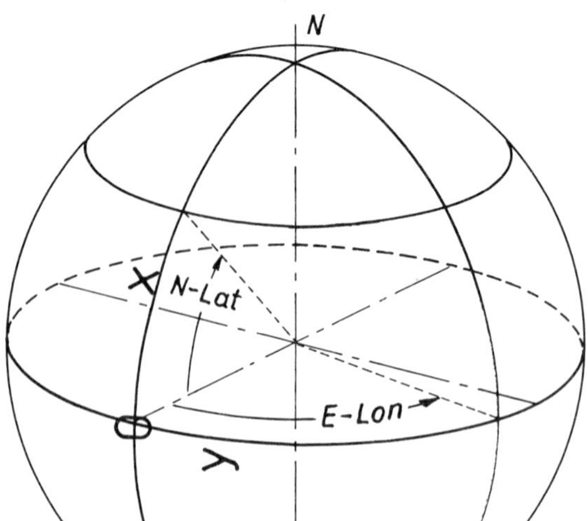

Abb 0.21

Der Breitengrad von Greenwich ist N 51° 29′; der Längengrad (praktisch) 000°00.0′. (So die Schreibweise nach DIN 13 312. Auch erlaubt ist 000-00.0 für Länge und 51-29 N.)

210 Längengrad, kurz: Länge

Formelzeichen: λ (lambda) – Ausland auch *Lo, Lon*

Die Länge wird vom Nullmeridian p**o**sitiv nach **O**st (E) und n**e**gativ nach W**e**st (W) jeweils von 0 ... 180 Grad gezählt. Da die Himmelsrichtung rechnerisch ein Vorzeichen ist, gehört sie – entgegen der Tradition – *vor* die Koordinate, also W 025° 16′ oder in praktischer Kladdenschreibweise W 025-16.
Längenunterschiede $\Delta\lambda$ (sprich: „deltalong") in östlicher Richtung vom Ausgangsmeridian (λ_1) werden positiv gerechnet, solche in westlicher Richtung negativ.
Haben die Längen zweier Orte unterschiedliche Vorzeichen, dann ist $\Delta\lambda$ natürlich gleich der Summe der Einzellängen, aber es muß die Richtung beachtet werden – besonders wichtig bei der Arbeit mit Rechnern. Beispiel:

Von W 17° nach E 17°: $\Delta\lambda = 34°$ positiv (nach Ost)
Von E 17° nach W 17°: $\Delta\lambda = -34°$ negativ (nach West)

Dieser anachronistische Nonsens aus der Römerzeit macht beim Programmieren von Rechnern und Computern immer eine Umständlichkeit mit logischer Entscheidung, die leicht zu beheben wäre, wenn die Erdkundelehrer sich entschließen würden, die Länge von 0° bis 360° zu zählen, wie es die Astronomen seit je tun, um die Lage des Bildpunktes eines Gestirns auf unserem Globus zu bestimmen.

211 Breitengrad, kurz: Breite

Formelzeichen: φ (phi) – Ausland auch *L, La, Lat*

Der Normentwurf schildert sie (falsch!) als „Winkel am Erdmittelpunkt zwischen der Äquatorebene und dem Erdradius des betreffenden Ortes“ – das wäre eine Polarkoordinate. Das geographische Koordinatensystem muß aber als Koordinatennetz verstanden werden.*
Die Breite ist die Größe des Meridianbogens, als Ordinate ausgedrückt in Bogengraden und -minuten, ausgehend vom Äquator als Breite null bis zum Nordpol mit $\varphi = N\,90°\,(+\,90°)$ und zum Südpol mit $\varphi = S\,90°\,(-\,90°)$.

Eine Breitenminute entspricht einer Seemeile = 1,852 km. 1 km = 0,54 sm.

Der Breitenunterschied sollte als $\Delta\varphi$ im Winkelmaß (Bogenmaß) bezeichnet werden. Die Sonderbezeichnung als Strecke mit *b* sm ist überflüssig. Bei nautischen Rechnungen ist auch hier die Richtung der Breitenänderung zu beachten: nach Nord positiv, nach Süd negativ.

212 Herkunft der Ausdrücke Länge und Breite

Demokritos (ca. 450 vC) zeichnete als erster die damals bekannte und für bewohnbar gehaltene Welt auf ein rechteckiges Blatt und sagte, die Erde sei in Ost-West-Richtung anderthalb mal so lang wie in Nord-Süd-Richtung breit. Die Römer übernahmen auch dies von den Griechen mit ihrem Wort für Länge, *longitudo,* und Breite, *latitudo.*

Großkreis, kürzeste Entfernung 0.22

Durch zwei Punkte auf einer Kugel (Erde), die weniger als 180° auseinanderliegen (die nicht antipodisch sind), läßt sich nur ein Großkreis legen, und der kürzere Bogen dieses Großkreises zwischen den beiden Punkten ist die kürzeste Entfernung zwischen diesen, *Orthodrome* genannt.

* Während des Druckes dieses Buchs gebessert.

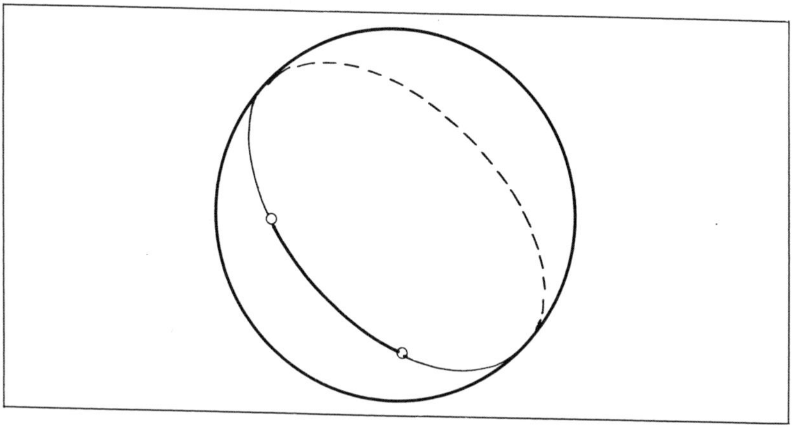

Durch antipodische Punkte auf einer Kugel lassen sich unendlich viele Großkreise legen, so zum Beispiel durch die Erdpole die Meridiankreise, die alle Großkreise sind. Als *Meridian* oder *Längenkreis* wird aber nur der Halbkreisbogen zwischen Nord- und Südpol bezeichnet. Im Horizontsystem wird auch ein oberer Meridian genannt.
Von allen Großkreisen schneidet nur der Äquator alle Meridiane im gleichen, und zwar rechten Winkel.
Alle Großkreise, die nicht durch die Pole gehen, bilden sich auf Mercator- und Plattkarten (s. das) als Sinuskurven oder Stücke davon ab; sie sind auf der Nordhälfte zum Nordpol hin gewölbt, auf der Südhälfte zum Südpol hin. Verbindet die Orthodrome Orte ungleichnamiger Breite (einer auf der Nord-, der andere auf der Südhalbkugel) und ist der Längenunterschied zwischen beiden $< 180°$, dann liegen die Scheitel (Amplituden) der Sinuskurve außerhalb der durchfahrenen Orthodrome. Der Scheitel liegt ebenfalls jenseits der Fahrtroute, wenn der Längenunterschied zwischen zwei Orten gleichnamiger (nicht gleicher!) Breite $< 90°$ ist. Großkreisbögen zwischen 0...40° Breite und Längenunterschieden bis 45° haben in der Mercatorkarte so wenig Krümmung, daß sie wie Geraden (Loxodromen) erscheinen.

Großkreisnavigation ist nach neueren Berechnungen von H. Albrecht* für die Kleinschiffahrt praktisch bedeutungslos. Einen Distanzvorteil von mehr als 1% gegenüber der Loxodromdistanz von 1000 sm bringt sie auf ost-westlichen Kursen nur in den hohen Breiten um 60°. Auf Kurswinkeln bis 45° gegen den Meridian – also innerhalb des nördlichen und südlichen Interkardinalsektors – bringt Großkreisnavigation selbst auf größten Distanzen keinen Vorteil von mehr als 1%. Segelschiffe können schon wegen der Unstetigkeit des Windes keinen Großkreis absegeln.

Näheres siehe Besteckrechnen, Abschnitt 1.2.

Loxodrome 0.23

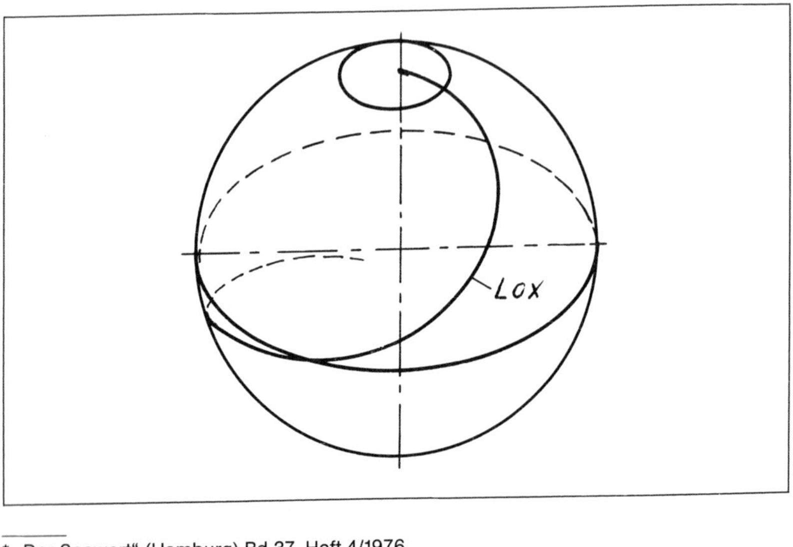

* „Der Seewart" (Hamburg) Bd 37, Heft 4/1976

Die Loxodrome ist eine Linie auf der Kugeloberfläche, die alle Meridiane im gleichen Winkel schneidet. Ist dieser Winkel ≠ 90°, führt die Linie als Schraubenspirale zu den Polen, weil die Meridiane zu den Polen zusammenlaufen. Die Breitenkreise sind Loxodromen, die die Meridiane im rechten Winkel schneiden und deshalb nicht zu den Polen führen.
Ein Schiff, das gleichen Kurs hält, bewegt sich auf einer Loxodrome.
Auf der Mercatorkarte (Seekarte) stellt sich die Loxodrome als Gerade dar. Eine zwischen zwei Orten gezeichnete Loxodrome führt auch zum Ziel, jedoch auf einem (meist kleinen) Umweg. (Siehe Abschnitt 1.2, Besteckrechnen.)

0.3 Cartesische Kartenkoordinaten

Es ist nicht möglich, eine Kugeloberfläche in jeder Beziehung zufriedenstellend auf eine ebene Fläche zu projizieren. Am flächen- und winkeltreuesten wäre die Apfelsinenschalen-Methode mit einer großen Zahl von Nord- und Südpolen (Abb 0.300); zieht man deren Pole so weit in die Breite, daß aus den sphärischen Zweiecken, die sich am Äquator berühren, Rechtecke werden, dann kommt man zu einer *Plattkarte,* in der polwärts die Flächen stark verzerrt sind und auch die Winkel nicht stimmen (siehe 310).

300 Mercatorkarte

Abb 0.300 rechts zeigt, nach welchem Projektionsverfahren sie entsteht und warum die Abstände der Breitenparallele zu den wie bei der Plattkarte breitgezogenen Polen hin immer größer werden – 90° Breite ist in dieser Karte gar nicht darzustellen, denn sie liegt in unendlicher Ferne. Die Karte ist nicht flächentreu, aber winkeltreu, was für die Navigation wichtiger ist. Deshalb ist die Mercatorkarte die wichtigste Navigationskarte.

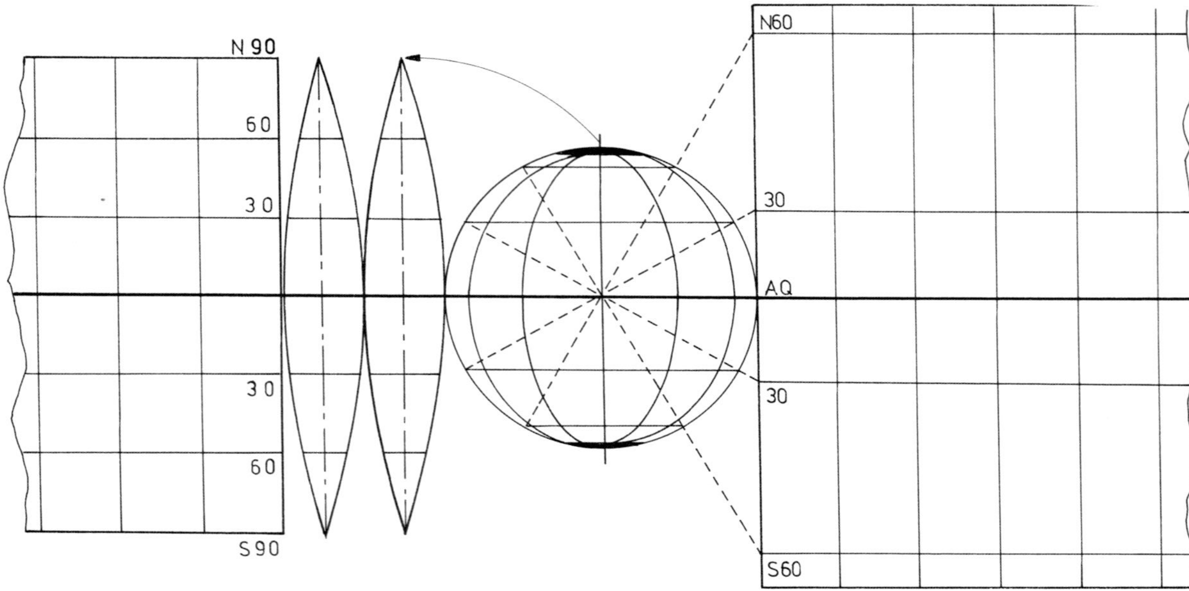

Abb 0.300

Sie stellt ein rechtwinkliges cartesisches* Koordinatensystem dar, bei dem (für Rechenmaschinen) die Ordinate (y-Achse), der Äquator, gleichmäßig nach Längengraden, -minuten und -sekunden geteilt ist. (Bis 1952 war die Ordinate für astronomische Zwecke außerdem noch im Zeitmaß geteilt – der Ausdruck „Stundenwinkel“ wird gewohnheitsmäßig noch gebraucht.)
Die Abszisse (x-Achse) im Koordinatensystem der Mercatorkarte ist nicht regelmäßig geteilt, sondern muß wegen der verlangten Winkeltreue eine Verzerrung haben.
Diese Forderung leitet sich aus der E-W-Verzerrung in der abstandstreuen Plattkarte ab, bei der Längen- und Breitengrade im gleichen, dem Äquatormaßstab dargestellt sind (Abb 0.300 links) und in der für alle $\varphi \neq 0$ gilt, daß λ um $1/\cos\varphi$ zu lang dargestellt wird.
Für die Verzerrung der x-Achse in der Mercatorkarte (die Breite) gilt, daß sie einer Funktion $x = R \cdot f(\varphi)$ folgen muß. (Lies: *x* gleich *R* mal Funktion von φ.) Darin ist *R* der (mittlere) Erdradius. Die Funktion wird von der Gleichung erfüllt

$$f(\varphi) = \ln \tan (45° + \varphi/2) = x$$

Dieses Abszissenmaß *x* nennen wir *vergrößerte Breite*, und die Gleichung gilt für die perfekte Kugel, womit wir Deutschen uns, anders als Amerikaner und Briten, in nautischen Tafeln begnügen, ohne deshalb schlechter zu navigieren.

301 Meridionalteile, vergrößerte Breite

Es wird mit dem nautischen Äquatorradius *a* gerechnet, der sich aus dem nautischen Äquatorumfang von 21 600 sm ergibt:

$$a = \frac{21\,600}{2\pi} = 3437{,}746\,77 \text{ sm} \approx 3437{,}75 \text{ sm}.$$

* Nach R. Descartes, Urheber der analytischen Geometrie, benannt.

Somit ergibt sich für die Kugel und x im Seemeilenmaß des Äquators:

$$x = a \ln \tan (45° + \varphi/2) \approx 2{,}303\, a \log \tan (45° + \varphi/2)$$

(ln ist der natürliche Logarithmus zur Basis 2,718**3**)

In den Rechner kann man gleich programmieren:

$$x = 7915{,}705 \log \tan (45° + \varphi/2).$$

Was man damit macht, steht im Abschnitt „Besteckrechnen".

302 Abweitung

Der Umfang eines Breitenkreises ist gleich dem Äquatorumfang × Breitencosinus; als Formel:

$$U_\varphi = 2\, a\, \pi \cos\varphi$$

und weil der Äquatorumfang ($2a\pi$) = 21 600 sm ist, gilt für den Breitenkreisumfang der Breite φ also:

$$U_\varphi \text{ sm} = 21\,600 \cos\varphi.$$

Das gilt zwar für die Kugel, kann aber in Seekarten angewendet werden, weil sie für das jeweils zugrunde liegende Ellipsoid winkeltreu gezeichnet sind.

Da sich die Zahl der Längengrade nach der Zahl der *Meridianwinkel* zwischen den Meridianen an den Polen richtet, muß die Längengradteilung mit größerer Breite immer enger werden, weil die Breitenkreise kleineren Umfang als der Äquator haben, aber gleiche Gradteilung. Eine auf einem Breitenkreis versegelte Seemeile ist aber genauso lang wie eine auf dem Äquator, doch es gehen mehr Längengrade auf diese Meile als am Äquator; genau ($1/\cos\varphi$) mehr Längenminuten als die *Abweitung* genannte in E-W-Richtung liegende Seemeile. Die Abweitung hat dummerweise auch das Formelzeichen *a*, das aber viel öfter gebraucht wird als der Äquatorradius.

310 Plattkarte, Plottingskizze

Eine Plattkarte hat ein quadratisches Breiten-Längengitter (Zylinderprojektion). Die N-S-Maße sind richtig, die E-W-Maße nur am Äquator. Es ist klar, daß diese Karte weder winkel- noch flächentreu ist, und eine Loxodrome würde sich nicht als Gerade abbilden. Abb 0.31 zeigt die Straße von Dover als Plattkarte. Würde man aus ihr Kurs und Distanz für Boulogne – Dover ablesen, käme man zu falschen Ergebnissen.

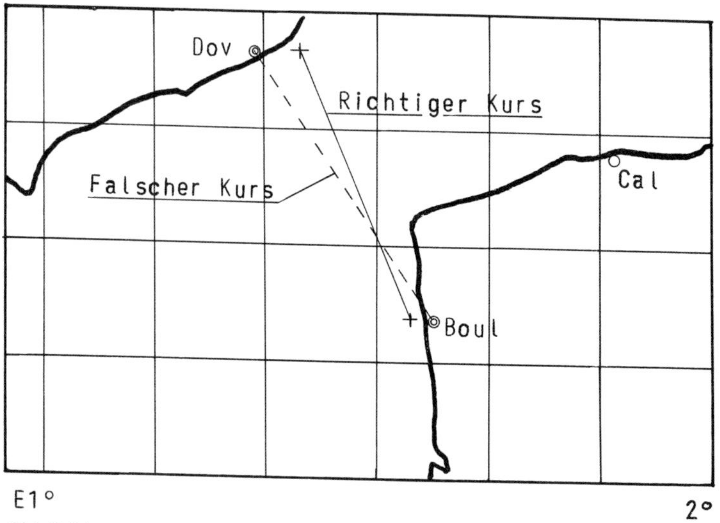

Abb 0.31

Man kann jedoch in quadratische Gitternetze Kurse, Peilungen und Azimute sowie Distanzen *einzeichnen* und damit richtig arbeiten, wenn das Operationsgebiet nicht zu groß ist. Man muß nur beachten, daß die Y-Komponente in E-W-Richtung die Abweitung (Maßeinheit sm) darstellt, die durch Division mit dem Cosinus der Breite φ im kleinen Operations- und Manövergebiet, bzw. der mittleren Breite φ_m im größeren dividiert werden muß. In Abb 0.31 sind die geometrisch richtigen Orte für Boulogne und Dover entsprechend der Umwandlung von Abweitung in Länge einskizziert.

Längenminuten in Abweitung/sm: mal cos φ
Abweitung in Längenminuten: $\Delta\gamma/\cos\varphi$

Mittlere Breite:

$$\varphi_m = (\varphi_1 + \varphi_2)/2$$

320 Provisorische Mercatorskizze

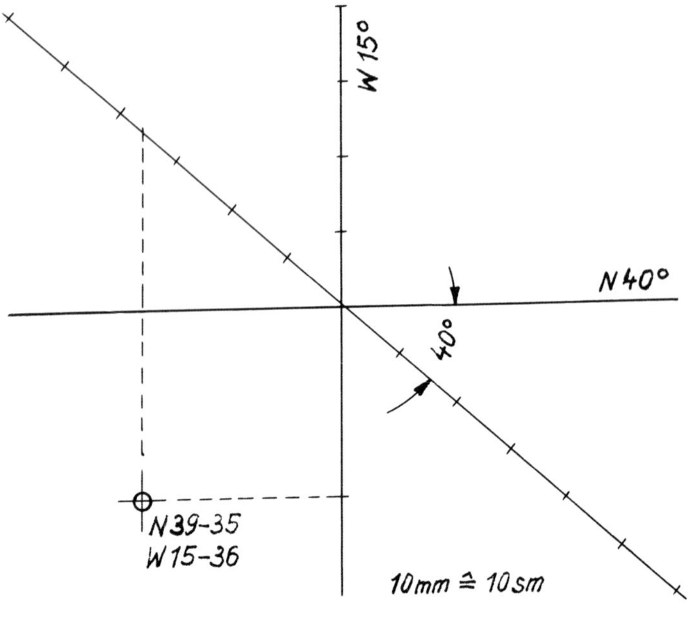

Abb 0.32

Mercatorskizzen nach Abb 0.32 werden meist nur gezeichnet, um die Standlinien nach Gestirnsbeobachtung zu konstruieren, auszuwerten und die gefundene Position in die Seekarte zu übertragen.
Zeichne ein rechtwinkliges Achsenkreuz und bezeichne die senkrechte Achse mit dem dem Gißort am nächsten liegenden vollen Längengrad; die waagerechte Achse mit dem nächstliegenden vollen Breitengrad. Durch den Koordinatenschnittpunkt zeichne eine Hilfsgerade, die im Winkel des Breitengrades gegen die Waagerechte ansteigt. (*Merke:* Diesen Winkel nicht wie einen Kurs vom Meridian aus abtragen.) Wähle einen Maßstab, etwa 60 mm ≙ 30′ ≙ 30 sm (geeigneter Reduziermaßstab* 1 : 5) und teile vom Achsenschnitt ausgehend die senkrechte Achse (Breitenminuten) und die Hilfsgerade (Längenminuten im Abweitungsmaß). Fällt man von den Teilungspunkten der Hilfsgeraden Lote auf die Waagerechte, dann wird diese von den Loten projektionsrichtig für die fragliche Breite im Längenmaßstab geteilt.

0.4 Polarkoordinaten

Ebene Polarkoordinaten 0.40

Die Lage des Punktes P ist bestimmt durch seine Entfernung r von einem festen Punkt 0 und durch den Winkel, den die Strecke $0P$ mit einer durch 0 geführten Bezugsrichtung – in der Nautik immer Nord – bildet. In der Nautik ist der in Abb 0.400 gezeigte Drehsinn für $\varkappa$ positiv.
Mathematische Bezeichnungen: *r Radiusvektor,* $\varkappa$ *Anomalie oder Polarwinkel.*

* Lineal mit Teilung im Reduktionsmaßstab.

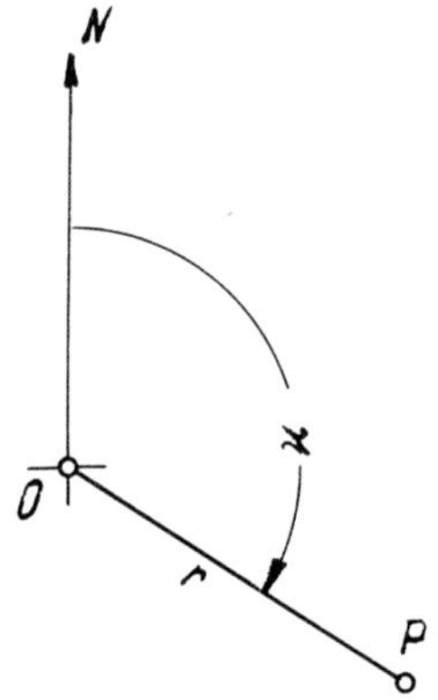

Abb 0.400

Verwandlung in cartesische Koordinaten

Wie Abb 0.401 zeigt, gilt für die Verwandlung von $P(\kappa, r)$ in $P(x, y)$:

$$\left.\begin{aligned} x &= r\cos\kappa \\ y &= r\sin\kappa \end{aligned}\right\}$$ Beachte nautische Achsendrehungen (→ 0.02)

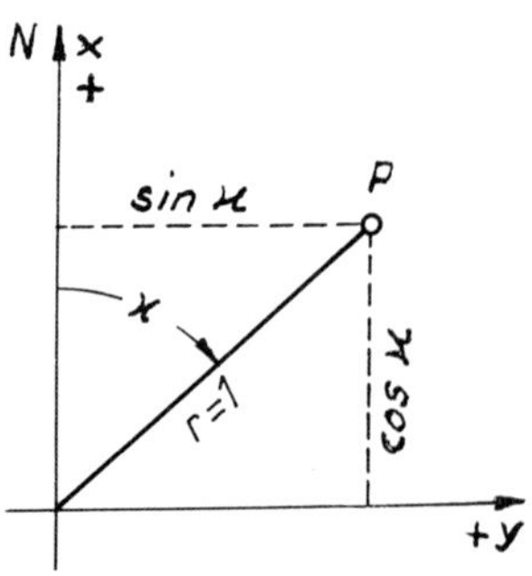

Abb 0.401

Verwandlung cartesischer in Polarkoordinaten

$$r = \sqrt{x^2 + y^2}$$
$$\varkappa = \arctan (y/x)$$

Es gibt Elektronenrechner, denen diese Umwandlungen einprogrammiert sind. Beim Lesen der Gebrauchsanweisung zu solchen Rechnern ist jedoch zu beachten, daß in der Nautik die X-Achse senkrecht steht und die positive Y-Achse nach Ost zeigt. Abb 0.41 zeigt nochmal, wie sich deshalb die Winkelfunktionen der Rechner gegenüber dem mathematischen Einheitskreis vertauschen.

Kugelkoordinatensystem **0.41**

Hierbei (Abb 0.41) handelt es sich praktisch um ein räumliches Polarkoordinatensystem mit dem Kugelmittelpunkt O als Pol und der Bestimmung der Kugelfläche mit r = konstant. Die Koordinatenschreibweise für den Punkt P ist: $P(r, \varkappa, \alpha)$. Die Fläche für α = konst ist ein Kegel mit der Spitze in O und z als Achse.

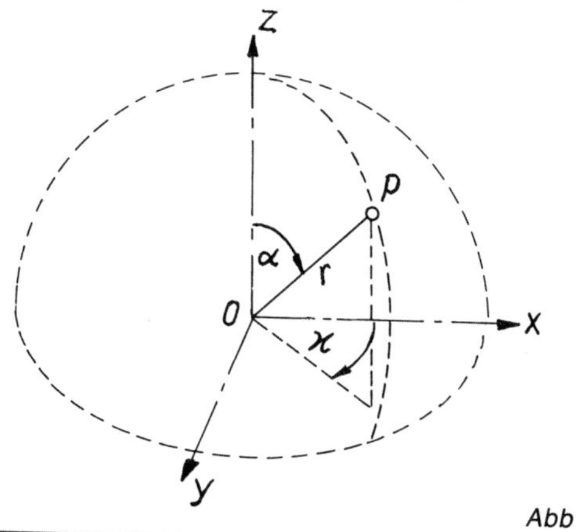

Abb 0.41

Beziehungen zu cartesischen Koordinaten:

$$r = \sqrt{x^2 + y^2 + z^2}$$

$$\kappa = \arctan \frac{y}{x} = \arcsin \frac{y}{\sqrt{x^2 + y^2}} = \arccos \frac{x}{\sqrt{x^2 + y^2}}$$

$$\alpha = \arccos \frac{z}{r} = \arctan \frac{\sqrt{x^2 + y^2}}{z}$$

$$x = r \sin \alpha \cos \kappa; \; y = r \sin \alpha \sin \kappa; \; z = r \cos \alpha$$

0.5 Maßstabsrechnen

Kartenmaßstab 0.50

Als Maßstab M wird das Verhältnis einer Länge in der Karte zu einer Länge in der Natur bezeichnet, wobei zu beachten ist, daß beide Längen im gleichen Maß ausgedrückt werden. Es sei L_k die Länge einer Linie in der Karte und L_n die Länge der zugeordneten Linie in der Natur, so gilt generell für die Maßstabszahl

$$\mu = \frac{L_n/\mathrm{m}}{L_k/\mathrm{m}}$$

und für den Maßstab

$$M = \frac{1}{\mu} = \frac{1}{L_n/L_k}$$

Beispiel: 100 m = 10 000 cm in der Natur werden in der Karte durch 1 cm dargestellt, dann ist die Maßstabszahl μ = 10 000 cm : 1 cm = 10 000, und der Maßstab ist M = 1 : μ = 1 : 10 000. Im Klartext: 1 cm in der Karte entspricht 10 000 cm (= 100 m) in der Natur.

Merke: Je größer die Maßstabszahl μ, um so kleiner ist der Maßstab der Karte, denn μ steht unter dem Bruchstrich.

Errechnung der Kartendistanz aus der Naturdistanz:

$$L_k = L_n / \mu$$

Errechnung der Naturdistanz aus der Kartendistanz:

$$L_n = \mu \, L_k$$

Merke: Die Maßeinheiten müssen auf beiden Seiten des Gleichheitszeichens gleich sein.

Merke: Bei Seekarten bezieht sich der Maßstab nur auf die im Kartentitel oder am Rande vermerkte Bezugsbreite. In Karten des Maßstabs $\geqq 1:100\,000$ und einer Breitenausdehnung $\leqq 30'$ braucht das nicht beachtet zu werden; der Fehler wäre max. 1 %. Bei kleineren Maßstäben ist die Breitenverzerrung zu beachten (→ 0.301).

Analogiemaßstäbe 0.51

Im Grund die Darstellung einer Größe durch eine andere Größe, z. B. einer Kraft durch eine Strecke (Vektor), des Logarithmus einer Zahl durch eine Strecke (Rechenschieber) oder des Bruttosozialprodukts durch eine Säule (statistische Darstellung). Es wird in der Maßstabsangabe nicht das Verhältniszeichen (:), sondern das Entsprechungszeichen (≙) verwendet. Beispiele:

M. 1 cm ≙ 1 sm
M. 1 cm ≙ 10 km/h
M. 15° ≙ 1 h
M. 1 cm^2 ≙ 50 kWh

0.6 Logarithmen

Allgemeines

0.60

.000 Bezeichnungen

$\log_b a = c$	b Basis
oder	a Numerus
$^b\log a = c$	c Logarithmus

.001 Begriff des Logarithmus

Der Logarithmus ist die Zahl, mit der die Basis b potenziert werden muß, um den Numerus a zu ergeben, also die Bedingung zu erfüllen

$$b^c = a$$

Als Basis kann jede Zahl dienen, die ungleich Null und Eins ist [$b \neq 0; 1$]. Gewöhnlich rechnet man jedoch nur mit *Briggsschen* Logarithmen zur Basis 10 (→ 0.61) und natürlichen Logarithmen zur Basis e = 2,718 281 828**5** (→ 0.62).

.002 Logarithmengesetze

Mittels der Logarithmen werden die höheren Rechenstufen um eine Stufe gesenkt: Aus Multiplikation wird Addition, aus Division wird Subtraktion, aus Potenzierung wird Multiplikation und aus Radizierung (Wurzelziehen) wird Division. Nachstehende Schemata gelten sowohl für Briggssche wie für natürliche Logarithmen (und andere).

$$\log (a \cdot c) = \log a + \log c$$
$$\log (a : c) = \log a - \log c$$
$$\log (a^n) = n \log a$$
$$\log \sqrt[n]{a} = \frac{1}{n} \log a$$

Sonderfälle:

$\log_b b = 1$; $\log 1 = 0$; $\log 0 = -\infty$ (für $b > 0$)

Briggssche Logarithmen **0.61**

Auch dekadische Logarithmen genannt – Abkürzung lg – bestehen aus zwei Teilen, der *Kennziffer* links vom Komma und der *Mantisse* rechts vom Komma.
Die Briggsschen Logarithmen haben die Basis 10, was den Vorteil hat, daß eine gegebene Zahlenfolge im Numerus immer dieselbe Mantisse hat (→ .101).

.100 Kennziffer

Die Kennziffer eines unechten Dezimalbruchs [$\geqq 1$] mit n Stellen vor dem Komma des Numerus ist $n - 1$.
Die Kennziffer eines echten Dezimalbruchs [< 1] ist negativ und gleich der Anzahl der vor der ersten Zahl stehenden Nullen einschließlich der Null vor dem Komma.

Beispiele:

lg 4322 = 3,635 68	lg 68 = *1*,832 51
lg 4,32 = *0*,635 48	lg 0,004 = *0*,602 06 *−3*

Um jedoch einfacher rechnen zu können, bildet man die Kennziffer für echte Dezimalbrüche gerne in einer positiven Form wie folgt:
Zähle die Nullen gleich rechts vom Komma des Numerus und ziehe ihre Anzahl von 9 ab (oder 19 oder 29). Schreibe den Rest als Kennzahl vor das Komma des Logarithmus und −10 (oder −20 oder −30) hinter die Mantisse des Logarithmus – die Kennziffer ist also zweiteilig; ein Teil vor der Mantisse, ein Teil als negative Zahl dahinter.

Beispiele:

lg 0,434 = *9,637 49 −10*
lg 0,004 = *7,602 06 −10*
lg 0,000 000 4 = *3,602 06 −10*
lg 0,000 000 000 04 = *9,602 06 −20*

Anmerkung für elektronische Rechner → .102.

.101 Mantissen, Mantissen-Interpolation

Weil die Mantisse eines jeden Vielfachen von 10 gleich null ist, fangen die meisten Logarithmentafeln mit „100“ oder „1000“ an; die Logarithmen der Zehnerreihe unterscheiden sich nur durch die Kennziffern:

lg 0,001	= 7,000 00 −10
lg 0,1	= 9,000 00 −10
lg 1	= 0,000 00
lg 10	= 1,000 00
lg 1000	= 3,000 00
lg 10 000	= 4,000 00 usw.

Die Mantissen für gleiche Zahlenfolgen im Numerus sind, unabhängig vom absoluten Wert des Numerus, gleich.

lg 0,234	= *9,369 22* −10
lg 2,340	= *0,369 22*
lg 234	= *2,369 22*
lg 23400	= *4,369 22*

Die Mantisse findet man aus einer Logarithmentafel (→ Abb 0.600). Die in der Nautik verwendeten lg-Tafeln haben fünfstellige Mantissen; mehr Stellen sind wegen der Toleranz der Messungen nicht nötig, aber vierstellige Mantissen gelten als zu ungenau.

Tafel 12. Logarithmen der Zahlen

Zahl	0	1	2	3	4	5	6	7	8	9	Sch.	T.
280	44 716	44 731	44 747	44 762	44 778	44 793	44 809	44 824	44 840	44 855		
81	44 871	44 886	44 902	44 917	44 932	44 948	44 963	44 979	44 994	45 010	1	2
82	45 025	45 040	45 056	45 071	45 086	45 102	45 117	45 133	45 148	45 163	2	3
83	45 179	45 194	45 209	45 225	45 240	45 255	45 271	45 286	45 301	45 317	3	5
84	45 332	45 347	45 362	45 378	45 393	45 408	45 423	45 439	45 454	45 469	4	6
85	45 484	45 500	45 515	45 530	45 545	45 561	45 576	45 591	45 606	45 621	5	8
86	45 637	45 652	45 667	45 682	45 697	45 712	45 728	45 743	45 758	45 773	6	9
87	45 788	45 803	45 818	45 834	45 849	45 864	45 879	45 894	45 909	45 924	7	11
88	45 939	45 954	45 969	45 984	46 000	46 015	46 030	46 045	46 060	46 075	8	12
89	46 090	46 105	46 120	46 135	46 150	46 165	46 180	46 195	46 210	46 225	9	14
290	46 240	46 255	46 270	46 285	46 300	46 315	46 330	46 345	46 359	46 374		
91	46 389	46 404	46 419	46 434	46 449	46 464	46 479	46 494	46 509	46 523	1	1
92	46 538	46 553	46 568	46 583	46 598	46 613	46 627	46 642	46 657	46 672	2	3
93	46 687	46 702	46 716	46 731	46 746	46 761	46 776	46 790	46 805	46 820	3	4
94	46 835	46 850	46 864	46 879	46 894	46 909	46 923	46 938	46 953	46 967	4	6
95	46 982	46 997	47 012	47 026	47 041	47 056	47 070	47 085	47 100	47 114	5	7
96	47 129	47 144	47 159	47 173	47 188	47 202	47 217	47 232	47 246	47 261	6	9
97	47 276	47 290	47 305	47 319	47 334	47 349	47 363	47 378	47 392	47 407	7	10
98	47 422	47 436	47 451	47 465	47 480	47 494	47 509	47 524	47 538	47 553	8	12
99	47 567	47 582	47 596	47 611	47 625	47 640	47 654	47 669	47 683	47 698	9	13
300	47 712	47 727	47 741	47 756	47 770	47 784	47 799	47 813	47 828	47 842		
01	47 857	47 871	47 885	47 900	47 914	47 929	47 943	47 958	47 972	47 986	1	1
02	48 001	48 015	48 029	48 044	48 058	48 073	48 087	48 101	48 116	48 130	2	3
03	48 144	48 159	48 173	48 187	48 202	48 216	48 230	48 244	48 259	48 273	3	4
04	48 287	48 302	48 316	48 330	48 344	48 359	48 373	48 387	48 401	48 416	4	6
05	48 430	48 444	48 458	48 473	48 487	48 501	48 515	48 530	48 544	48 558	5	7
06	48 572	48 586	48 601	48 615	48 629	48 643	48 657	48 671	48 686	48 700	6	9
07	48 714	48 728	48 742	48 756	48 770	48 785	48 799	48 813	48 827	48 841	7	10
08	48 855	48 869	48 883	48 897	48 911	48 926	48 940	48 954	48 968	48 982	8	11
09	48 996	49 010	49 024	49 038	49 052	49 066	49 080	49 094	49 108	49 122	9	13
310	49 136	49 150	49 164	49 178	49 192	49 206	49 220	49 234	49 248	49 262		
11	49 276	49 290	49 304	49 318	49 332	49 346	49 360	49 374	49 388	49 402	1	1
12	49 415	49 429	49 443	49 457	49 471	49 485	49 499	49 513	49 527	49 541	2	3
13	49 554	49 568	49 582	49 596	49 610	49 624	49 638	49 651	49 665	49 679	3	4
14	49 693	49 707	49 721	49 734	49 748	49 762	49 776	49 790	49 803	49 817	4	6
15	49 831	49 845	49 859	49 872	49 886	49 900	49 914	49 927	49 941	49 955	5	7
16	49 969	49 982	49 996	50 010	50 024	50 037	50 051	50 065	50 079	50 092	6	8
17	50 106	50 120	50 133	50 147	50 161	50 174	50 188	50 202	50 215	50 229	7	10
18	50 243	50 256	50 270	50 284	50 297	50 311	50 325	50 338	50 352	50 365	8	11
19	50 379	50 393	50 406	50 420	50 433	50 447	50 461	50 474	50 488	50 501	9	12
320	50 515	50 529	50 542	50 556	50 569	50 583	50 596	50 610	50 623	50 637		
21	50 651	50 664	50 678	50 691	50 705	50 718	50 732	50 745	50 759	50 772	1	1
22	50 786	50 799	50 813	50 826	50 840	50 853	50 866	50 880	50 893	50 907	2	3
23	50 920	50 934	50 947	50 961	50 974	50 987	51 001	51 014	51 028	51 041	3	4
24	51 055	51 068	51 081	51 095	51 108	51 121	51 135	51 148	51 162	51 175	4	5
25	51 188	51 202	51 215	51 228	51 242	51 255	51 268	51 282	51 295	51 308	5	7
26	51 322	51 335	51 348	51 362	51 375	51 388	51 402	51 415	51 428	51 441	6	8
27	51 455	51 468	51 481	51 495	51 508	51 521	51 534	51 548	51 561	51 574	7	9
28	51 587	51 601	51 614	51 627	51 640	51 654	51 667	51 680	51 693	51 706	8	11
29	51 720	51 733	51 746	51 759	51 772	51 786	51 799	51 812	51 825	51 838	9	12
330	51 851	51 865	51 878	51 891	51 904	51 917	51 930	51 943	51 957	51 970		
31	51 983	51 996	52 009	52 022	52 035	52 048	52 061	52 075	52 088	52 101	1	1
32	52 114	52 127	52 140	52 153	52 166	52 179	52 192	52 205	52 218	52 231	2	3
33	52 244	52 257	52 270	52 284	52 297	52 310	52 323	52 336	52 349	52 362	3	4
34	52 375	52 388	52 401	52 414	52 427	52 440	52 453	52 466	52 479	52 492	4	5
35	52 504	52 517	52 530	52 543	52 556	52 569	52 582	52 595	52 608	52 621	5	6
36	52 634	52 647	52 660	52 673	52 686	52 699	52 711	52 724	52 737	52 750	6	8
37	52 763	52 776	52 789	52 802	52 815	52 827	52 840	52 853	52 866	52 879	7	9
38	52 892	52 905	52 917	52 930	52 943	52 956	52 969	52 982	52 994	53 007	8	10
39	53 020	53 033	53 046	53 058	53 071	53 084	53 097	53 110	53 122	53 135	9	12
Zahl	0	1	2	3	4	5	6	7	8	9	Sch.	T.

Abb 0.600

* Aus Fulst, Nautische Tafeln (Ausschnitt)

In die Tafel geht man mit den ersten drei Ziffern des Numerus in der linken Eingangsspalte auf Zeile – zB 166 – und auf der Zeile, falls nötig, nach rechts bis zu der Spalte unter der vierten Ziffer – zB 3 von der Kopfzeile – und liest die Mantisse ab: 220 89.
Hat der Numerus eine Ziffer *n* mehr, dann muß die Mantisse für diese Ziffer *n* durch *Interpolation* erhöht werden.

$$\text{Mantissenzuwachs } d = \frac{D\,n}{10}$$

Darin ist *D* die Differenz von der Mantisse für die ersten vier Ziffern des Numerus bis zur nächsthöheren Mantisse.

Beispiel:

$$\lg 16637 \rightarrow \quad \begin{matrix} \lg 1663 = 4{,}220\,89 \\ \lg 1664 = 4{,}221\,15 \end{matrix} \quad D = 26$$

$$d = \frac{26 \cdot 7}{10} = 18{,}2 \approx 18$$

$$\begin{aligned} \text{Demnach: } \lg 16637 &= 4{,}220\,89 \\ d &= \phantom{4{,}221\,}18+ \\ &\underline{\overline{4{,}221\,07}} \end{aligned}$$

Die Logarithmentafeln enthalten meist Interpolationshilfen, wie beispielsweise in dem Auszug aus den Nautischen Tafeln von Fulst die rechte Spalte „Sch. T." (für „Schalttafel"). Neben 7 als fünfter Ziffer des Numerus findet man hier ebenfalls $d = 18$. Diese Interpolationshilfe gilt nur für den links neben ihr stehenden Mantissenblock und den *mittleren* Mantissenunterschied $D = 26$ darin. Darin steckt eine hier zwar tolerierbare Ungenauigkeit, denn am Anfang des Blocks ist $D = 25$ und an seinem Ende $D = 27$, wie jeder an Abb 0.600 prüfen mag.
Andere Logarithmentafeln, wie zB im Bowditch, erlauben das Eingehen mit sechszahligen Numeri ohne Interpolation, und einige geben auch die Mantissen für ein- bis zweistellige Numeri, in denen aber das Interpolieren nicht zu empfehlen ist.

.102 Logarithmen und Elektronenrechner

Technisch-wissenschaftliche Elektronenrechner als Taschen- oder Tischrechner sind mit Logarithmierfunktionstasten ausgerüstet: Taste „log“ für Briggssche Logarithmen und Taste „ln“ für natürliche Logarithmen.
Logarithmische Rechnungen führt man auf solchen Rechnern gewöhnlich nur durch, um mit gebrochenen Exponenten oder Radikanden zu operieren, was sowohl mit dem natürlichen wie dem dekadischen Logarithmus nach demselben Schema erfolgen kann (→ 0.6002). Der natürliche Logarithmus hat in der Nautik nur nebensächliche Bedeutung.

Auf eine besondere Eigenart der Rechner in der Verarbeitung Briggsscher Logarithmen ist hinzuweisen.

Für unechte Dezimalbrüche als Numerus weisen sie in der log-Operation den Logarithmus mit Kennziffer und Mantisse gemäß den Tafelbeispielen (→ .100 und .101) aus.
Ist der Numerus jedoch ein echter Dezimalbruch, dann weisen diese Rechner den Logarithmus als rechenfertigen Exponenten zur Basis 10 aus (vergl 0.60).

Beispiel: Übliche Kennzifferbildung:

$$\lg 0{,}004 = 0{,}602\,06 - 3$$

Der Rechner weist dazu aus:

$$\lg 0{,}004 = -2{,}397\,94$$, das ist der Cologarithmus.

Der Unterschied zwischen lg-Tafel und Rechner ist:
Die Tafel kennt nur positive Mantissen.
Der Rechner bildet mit der Kennzahl negative Mantissen.

Erläuterung: $\lg 0{,}004 = -2{,}397\,94$ [Rechner-lg = colg]

entstanden aus:	Kennziffer	$-3{,}000\,00$
	Tafelmantisse	$+0{,}602\,06$
	colg 0,004	$= -2{,}397\,94$

Wer einen Rechner mit Potenzierautomatik hat, mag hier die Probe aufs Exempel machen:

$$10^{-2,39794} = 0,004$$

Der Cologarithmus entsteht, wenn man den lg einer Zahl von Null abzieht; es ist also einfach der negative Logarithmus. In der logarithmischen Rechenweise zieht man den lg jedoch von 10,..... —10 ab:

$$\begin{array}{ll} & 10,000\,00 -10 \\ \underline{\lg 18,615 =} & \underline{\;\;1,269\,86\ (-)} \\ \operatorname{colg} 18,615 = & 8,730\,14 -10 = \lg \dfrac{1}{18,615} \end{array}$$

Der colog einer Zahl ist also allgemein der log des reziproken Werts dieser Zahl.

Merke: Um aus dem Rechner-lg eines echten Dezimalbruchs [< 1] die Tafelmantisse zu finden, muß man die von ihm gezeigte Kennziffer + 1 addieren; es wird die Tafelmantisse in der Form 0,..... angezeigt. *Zum Weiterrechnen muß die Ziffer wieder abgezogen werden,* sonst rechnet der Rechner mit dem Logarithmus von einem falschen Numerus weiter.

.103 Entlogarithmieren

Suche die nächst kleinere Mantisse in der Tafel auf und entnehme die ersten drei (bzw vier) Ziffern des Numerus aus der linken Randspalte; die vierte (bzw fünfte) aus der Kopfzeilenzahl in der Mantissenspalte (→ Abb 0.600).
Für die letzte Ziffer *n* muß interpoliert werden; entweder nach der Interpolationshilfe „Sch. T." rechts oder nach der Interpolationsformel

$$n = \frac{10\,d}{D}$$

d Differenz zwischen lg-Mantisse und nächst kleinerer Tafelmantisse, *D* Differenz zwischen kleinerer und größerer Tafelmantisse.

Beispiel:

Gesucht der zum lg $N = 9{,}220\ 71 - 10$ gehörende Numerus N.
Zur nächst kleineren Mantisse 220 63 gehört die Ziffernfolge 1662. Differenz zur nächsten Tafelmantisse $D = 26$ und zur gegebenen Mantisse $d = 8$. Fünfte Ziffer nach „Sch. T." für $d = 8$ ist die 3; nach Formel

$$n = \frac{10 \cdot 8}{26} = 3{,}077 \approx 3^*$$

Die Kennziffer bestimmt die Stellung des Kommas im Numerus – hier $N =$ 0,16623
Entlogarithmieren beim Elektronenrechner verlangt nur einen entsprechenden Tastendruck.

.104 Logarithmisches Rechenschema

Beim Rechnen mit Logarithmen ist die Einhaltung eines Schemas zu empfehlen, bei dem links die Zahlen und rechts die Logarithmen stehen.

.105 Logarithmen der Winkelfunktionen

Die Logarithmen trigonometrischer Funktionen sind im Prinzip nichts Besonderes. Sie werden wie andere Briggssche Logarithmen gebildet – Beispiel:

$$\sin 20° = 0{,}3420;\ \lg \sin 20° = \lg 0{,}3420 = 0{,}534\ 05 - 1$$

Nautische Tafeln enthalten Tabellen, in denen die Logarithmen der Winkelfunktionen aller Art aufgeführt sind, d h für sin, cos, cosec, sec, tan, ctg und auch für „sem" (engl. hav). Solche Tafeln sind unter anderem: Fulst, Nautische Tafeln (D), G. Rose, Nautische Tafeln (DDR), Bowditch Vol II, Pub

Anmerkung:* Die Stellen hinterm Komma werden nur berücksichtigt, wenn sie zum Aufrunden der Zahl vor dem Komma ausreichen; sie sind wegen der Abrundungen in den Mantissen nicht Bestandteil des Numerus. Der genauere Numerus zu lg $N = 0{,}220\ 71 - 1$ ist 0,166 23 023**.

No 9 (USA). In der (vereinfachten) Darstellung sind sich die Autoren, beziehungsweise Redaktionen dieser Werke nur in einem Prinzip einig: Es wird vereinfacht. Vereinfacht wird bei der Kennziffer. Sinus und Cosinus werden nicht größer als 1; die Kennziffer ist also immer 0, ... —1 oder 9, ... —10 oder noch kleiner. Tangens, Cotangens, Secans und Cosecans können beträchtlich größer als 1 werden, nämlich positiv unendlich – und da beginnt Uneinheitlichkeit bei den Verfassern nautischer Logarithmentafeln.

Die Tafeln des Bowditch (USA) halten sich konsequent an die Kennziffer mit „—10“ (im Sinn); die des Fulst geben diese Kennzifferbildung auf, sobald der natürliche Wert der Winkelfunktion >1 wird. Es sei am Tangens gezeigt, der bekanntlich bei 45° gleich 1 wird und dann weiter wächst:

lg tan 44°59′ = lg 0,99942	= 9,99975	(—10)	/ Fulst
	= 9,99975	(—10)	/ Bowditch
lg tan 45°01′ = lg 1,00058	= 0,00025		/ Fulst
	= 10,00025	(—10)	/ Bowditch

In Rechentafeln zur Bestimmung von Höhe und Azimut wird manchmal ein mit 10 000 multiplizierter fünfstelliger Logarithmus verwendet, um sich nicht um die Kennziffer kümmern zu müssen; so in den Tafeln von Ageton (HO 211) und J. C. Lieuwen; die beide mit dem lg sec und lg cosec operieren. Auch dies sei nochmal an einem Beispiel verglichen:

lg cosec 68° = lg 1,09464	= 10,03283 (—10)	Bowditch
	= 0,03283	Fulst
	= 3283	Ageton*

Die in Klammern gesetzten (—10) stehen in keinem Tafelwerk dabei; man soll sie „im Sinn“ haben. Doch Vorsicht bei Fulst, wenn es sich um tan, cot, sec und cosec handelt; eine Zahl >0 vor dem Komma bedeutet von selbst, daß „minus zehn“ dahinter zu denken ist – eine bedauerliche Inkonsequenz.

* → Literaturverzeichnis.

07. Planimetrie

Die Planimetrie befaßt sich mit Figuren in einer einzigen Ebene. Es bedeuten U Umfang der Figur im Längenmaß; A Inhalt im Flächenmaß. Die Eckenbezeichnungen sind gleichzeitig auch die Bezeichnungen der zugehörigen Innenwinkel.

Schiefwinkliges Dreieck (Abb 0.70)

$$A = \frac{\text{Grundseite} \cdot \text{Höhe}}{2} = (c\ h)/2$$

Summe Innenwinkel: $A + B + C = 180°$

Umfang $U = a + b + c$

Außenwinkel $\beta = A + C$

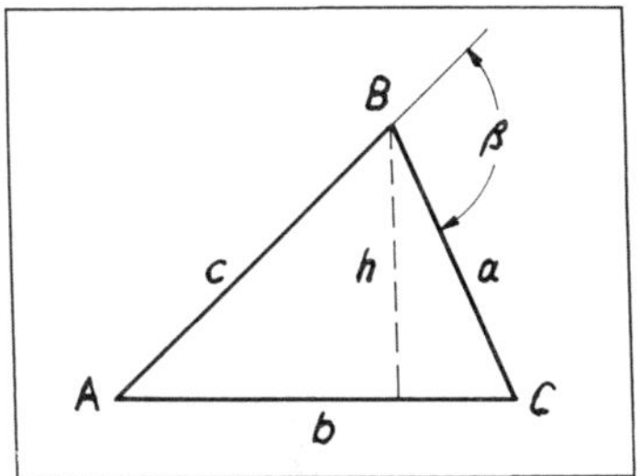

Rechtwinkliges Dreieck (Abb 0.71)

$a^2 + b^2 = c^2$ $\quad b^2 = c\ p$

$h^2 = p\ q$ $\quad A = 0{,}5\ a\ b$

$a^2 = c\ q$ $\quad\quad = 0{,}5\ c\ h$

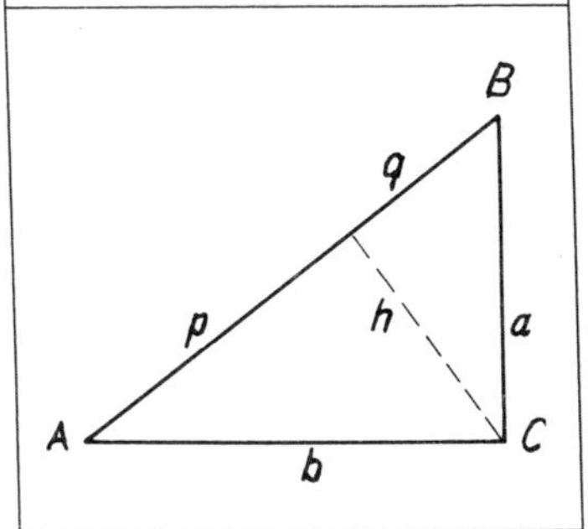

Gleichseitiges Dreieck

$$h = \frac{a}{2}\sqrt{3};\ A = \frac{a^2}{4}\sqrt{3};\ U = 3a.$$

Quadrat (Abb 0.72)

$A = a^2;\ U = 4a;\ d = a\sqrt{2}$

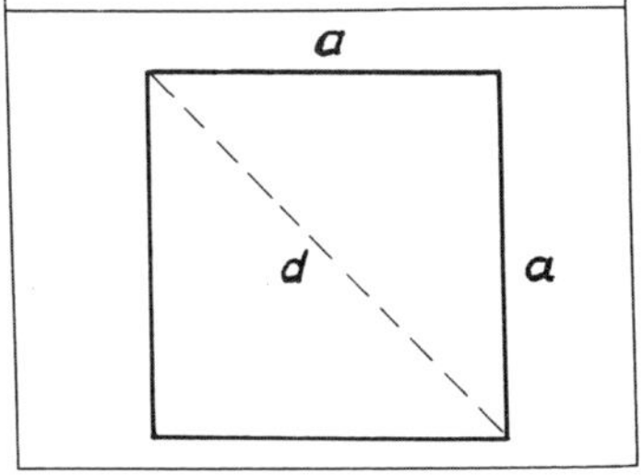

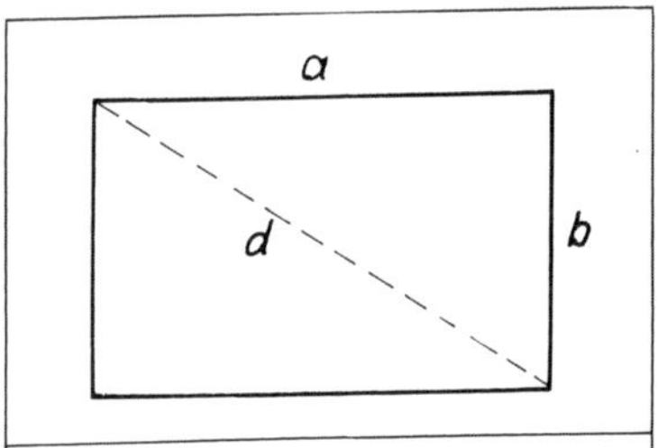

Rechteck (Abb 0.73)

$A = a\,b;\ U = 2\,(a + b);\ d = \sqrt{a^2 + b^2}$

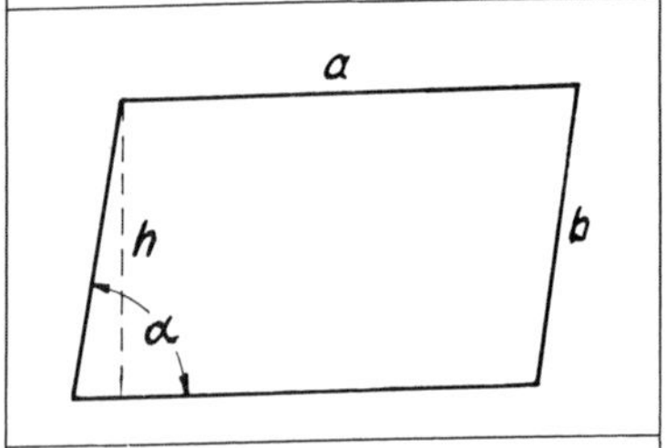

Parallelogramm (Abb 0.74)

$A = a\,h = a\,b \sin \alpha;\ U = 2\,(a + b)$

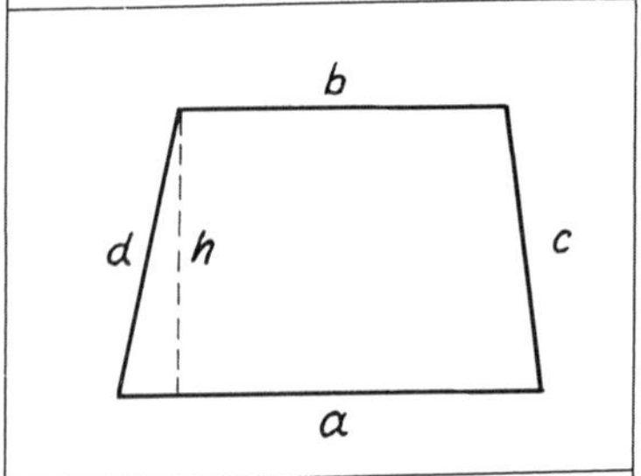

Trapez (Abb 0.75)

$A = 0{,}5\,h\,(a + b);\ U = a + b + c + d$

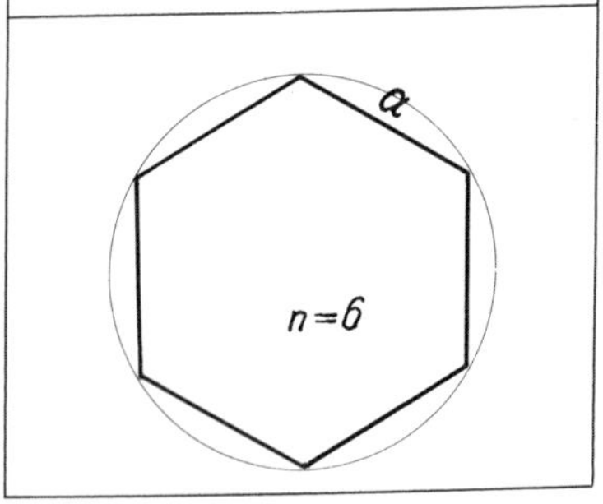

Gleichseitige Vielecke (Abb 0.76)

a Länge und *n* Zahl der gleichen Seiten →

$A = 0{,}25\,n\,a^2 \cot (180°/n)$

$U = n\,a$

Ungleichseitige Vielecke

müssen durch Diagonalen in Dreiecke zerlegt werden. A (Areal) ist dann die Summe der Dreiecksflächen, und U ist die Summe aller äußeren Seiten.

Kreis

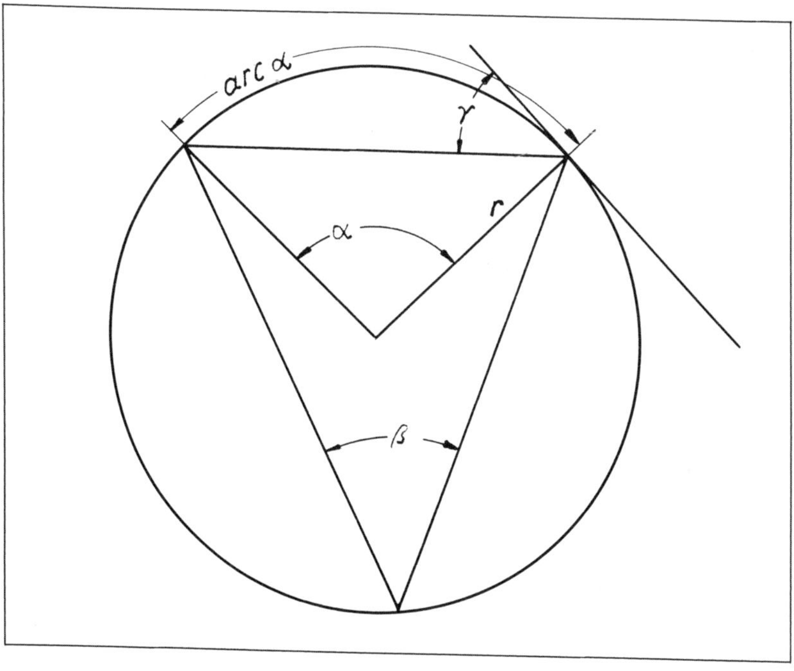

$A = r^2 \pi = d^2 \pi/4$; $\alpha = 2\beta$; $\gamma = \beta$
$U = 2r\,\pi = d\,\pi$

Kreisbogen : $\text{arc}\ \alpha = \dfrac{2\pi\, r\, \alpha}{360°} = \dfrac{r\, \alpha°}{57{,}3°} = \dfrac{r\, \alpha'}{3437{,}75'}$

Kreissegment: $A = \dfrac{r^2\, \pi\, \alpha}{360°}$

1. IN FAHRT

1.0 Fahrt durch das Wasser

„In Fahrt“ ist ein Schiff, das keinerlei Verbindung zu Land über oder unter Wasser hat. Ein Schiff „macht Fahrt“, wenn es sich durch das Wasser bewegt. Bewegt es sich mit dem Wasser, ohne Fahrt zu machen, dann treibt es oder driftet. Wird es ohne Antrieb durch Segel oder Maschine vom Wind quer durch das Wasser getrieben, dann macht es Leeweg. Fahrt, Drift und Leeweg setzen sich vektoriell zusammen zur Fahrt über Grund.
Fahrt ist der seemännische Ausdruck für Geschwindigkeit. Aber „Große Fahrt“ ist nicht Höchstgeschwindigkeit, sondern Operationsbereich auf allen Meeren und Ozeanen der Erde – Kapitänspatent für Große Fahrt.

Fahrt-, Geschwindigkeitsdimensionen 1.00

000 Technisch

Meter durch Sekunde [m/s oder m s^{-1}]
1 m/s ≙ 3,6 km/h ≙ 1,944 sm/h ≙ 2,237 mil/h
(USA 1 ft/s ≙ 0,3048 m/s ≙ 1,097 km/h ≙ 0,594 sm/h)

001 Binnenfahrt

Kilometer durch Stunde [km/h oder km h^{-1}]
1 km/h ≙ (1/3,6) m/s ≙ 0,54 sm/h ≙ 0,6214 mil/h
(USA 1 mph ≙ 1,468 ft/s ≙ 1,609 km/h ≙ 0,8688 sm/h)

002 Seefahrt (international)

Seemeile durch Stunde = Knoten [sm/h oder kn; engl kt]
1 sm/h ≙ 0,5144 m/s ≙ 1,6878 ft/s ≙ 1,852 km/h ≙ 1,151 mil/h

003 Froude-Zahl (relative Fahrt)
Ein viel gebrauchter Koeffizient („dimensionslos") bzw Kennwert, der die Geschwindigkeit des Schiffs zu seiner Länge in der Wasserlinie in Beziehung setzt. Die dimensionslose *Froude-Zahl** ist ein Ähnlichkeitsgesetz, mit dem sich Form- und wellenbildender Widerstand geometrisch gleicher Schiffsformen unterschiedlicher Größe umrechnen lassen (Modellschlepptanks!):

$$Fz = v / \sqrt{g \cdot L} \quad [„dimensionslos"]$$

[v] m/s; g = 9,8066 m/s^2 (Fallbeschleunigung); [L] m.

* William Froude (sprich „fruhd"), 1810–1879, brit Physiker. „Dimensionslos" ist die Froudezahl eigentlich nicht; man sagt das so, aber sie hat, wie ähnliche Koeffizienten, die Dimension 1.

In der *Praxis üblich* ist jedoch die dimensionierte Bildung $v/\sqrt{L}$ mit v in kn (auch km/h) und L in m (engl und USA: ft), die *relative Fahrt* (v_r).

$$v_r = v/\sqrt{L}\ [\text{kn/m}^{0,5}]$$

Umrechnung engl-amer Angaben in metrische: mal 1,81.

004 Wirtschaftliche Fahrt

Fahrtstufen, bei denen am Heck ein Wellental mitläuft, sind unwirtschaftlich – beim Segelboot, weil durch den so angezeigten Widerstandbuckel das Rigg mehr als nötig belastet wird. Man vermeidet diese Buckel in folgenden Fahrbereichen nach Froude-Zahl (*Fz*) bzw relativer Fahrt v_r in kn/m$^{1/2}$:

$Fz \leqq 0{,}23$	$v_r \leqq 1{,}40$
$= 0{,}30 \ldots 0{,}35$	$= 1{,}82 \ldots 2{,}13$
$> 0{,}50$*	$> 3{,}04$*

* Ab dieser Fahrtstufe ist das Boot im Gleitzustand, und die Antriebsleistung wird nur noch bestimmt durch den Reibungswiderstand des Wassers und den Luftwiderstand sowie durch $G \tan \tau$ (G Bootsgewicht, τ Gleitwinkel).

Loggen

1.01

Jedes Log (Geschwindigkeits- oder Fahrtstreckenmeßinstrument) sollte bei den Meilenfahrten (→ 1.02) auf seinen Fehlgang geprüft werden. Bei Schlepplogs genügt eine Messung. Logs mit Geber nahe dem Schiffsboden haben keine konstanten Abweichungen wegen Änderung der Grenzschicht (laminar, turbulent, abgerissen) bei unterschiedlichen Geschwindigkeiten. Bei Maschinenschiffen ist am zuverlässigsten die Messung der Geschwindigkeit bei verschiedenen Drehzahlen der Maschine, Eintragung der Meßpunkte in ein *v*/*n*-Diagramm und Verbindung der Meßpunkte durch eine Linie.

010 Behelfslogs

Geringe Geschwindigkeit wird von den üblichen Fahrtmessern meist nicht oder nicht richtig angezeigt. Man kann sich aber mit Behelfslogs helfen. Das beste Behelfslog ist ein Scheitlog, weil man mit ihm und einer Stoppuhr auch Quergeschwindigkeiten (Drift) messen kann. Man nimmt eine dünne Flaggleine von etwa 10,5 m Länge (nicht kürzer!) und befestigt an einem ihrer Tampen ein Holzbrettchen, das einseitig so beschwert ist, daß es im Wasser senkrecht schwimmt, aber nicht untergeht. (Notfalls tut es auch eine etwa halb mit Wasser gefüllte Flasche.) In den freien Tamp der Leine knotet man einen kleinen Palstek, durch den man einen Finger stekken kann. Die Länge der Leine vom Scheit bis zum Palstek soll 10,3 m betragen, was fast genau 20 Meridiandistanz-Tertien sind. (1‴ ≙ 0,514 m.) Zum Loggen steckt man den Zeigefinger seiner Nichtarbeitshand in den Palstek, hält in der gleichen Hand das Scheit klar zum Fallen und die Leine klar zum Auslaufen. Die Arbeitshand hält die Stoppuhr, die angedrückt wird, wenn das Scheit ins Wasser (nicht zu dicht an der Bordwand) fällt. Sobald die Leine am Finger zupft, wird die Uhr gestoppt.

$$v\ [\text{kn}] \approx \frac{20}{\text{Sekunden}}$$

Das ist für Relingshöhen bis 3 m über Wasser genau genug, aber die Leine ist lästig lang. Geht man von nur 10‴ aus, muß die Leinenlänge nach der Freibordhöhe bzw. Relingshöhe *h*, je nachdem, ob man von der Reling oder dem Schandeck aus mißt, berechnet werden:

$$l = \sqrt{26{,}42 + h^2}$$

Die so berechnete Überlänge der Leine gegenüber einer zehn Tertien langen sorgt dafür, daß der Schwimmer auf der Wasserebene 10‴ weit vom Schiff wegschwimmt. Jetzt ist die Geschwindigkeit *v* [kn] ≈10/Sekunden. Systembedingte Ungenauigkeiten sind tolerierbar.
Das *Relingslog,* in beinahe jedem Navigationsbuch beschrieben, ist ungenauer, und das Meer wird durch die nicht wieder einholbaren Coke-Büchsen und Bierflaschen verschmutzt. Zur Bestimmung des Leewegs (→1.041) ist nur das Scheitlog brauchbar.

Meilenfahrten 1.02

Es wird gemessene und markierte Wasserstrecke geradlinig mit gleichmäßiger Drehzahl oder Segelstellung durchfahren und die Zeit t_1 gemessen und notiert. Die Meßstrecke wird weit genug überlaufen, um nach einer Wende auf Gegenkurs wieder mit gleichmäßiger Geschwindigkeit mit derselben Drehzahl in die Meßstrecke neuerlich einzulaufen und die Zeit t_2 bis zur anderen Markierung zu messen und zu notieren: dies, um Einflüsse durch Wind und Strom aufzuheben. (Mit Segelbooten ist das nur möglich, wenn der wahre Wind senkrecht zur Richtung der Meßstrecke weht. Deshalb eicht eine Segelyacht ihr Log besser in Motorfahrt auf dieselbe Weise.) Die Meßstrecke habe die Länge *s*.
Die aus Hin- und Rückfahrt ermittelte Geschwindigkeit berechnet sich nach der Gleichung

$$v = \frac{(s/t_1) + (s/t_2)}{2}$$

(Teilen der Strecke durch das Zeitmittel aus Hin- und Rückfahrt ergibt eine zu kleine Geschwindigkeit.)
Bei schnellen Booten begnügen wir uns mit Drehzahl-Sprüngen von 500 min^{-1} und beginnen unten bei Leerlauf mit eingekuppeltem Propeller in nur einer Richtung und berichtigen später mit dem bei schnellerer Fahrt

ermittelten Strom. Bei Verdrängern und Segelyachten machen wir Drehzahlschritte von 200 min^{-1}. Vollgas wird als letztes gemessen. Umgekehrt wird's am Ende zum Sterben langweilig.

020 Stromberechnung aus zwei Fahrten

Mache zwei Fahrten hin und zurück mit Reisedrehzahl (80% der katalogmäßigen Nenndrehzahl des Motors). Die Hälfte der Differenz aus Hin- und Rückgeschwindigkeit ist die Strom(+Wind-)geschwindigkeit. Der Strom setzt in Richtung der schnelleren Fahrt.

021 Wahl der Meßstrecke

Möglichst kürzer als 1 sm, sonst wird's langweilig und bei kleinen Booten auch ungenauer. Auf genügend Anlaufstrecke an beiden Enden achten. 250 ... 500 m Meßstrecke reichen. Leichtes oder windstilles Wetter führt zu genaueren Ergebnissen, weil die Zufälligkeiten durch Böen fehlen. Streckenmarken an Land müßten Doppelbaken mit Deckpeilung senkrecht zur Meßstrecke sein – Seltenheiten für so kurze Strecken. Gerammte Pfähle und Baken im Wasser, die in der Karte eingezeichnet sind, wie auch Tonnen auf richtiger Position sind brauchbare Marken. Kilometrierung am Ufer nicht zu breiter Flüsse und von Kanälen sind brauchbar, wenn ...

022 Kritische Wassertiefe

Kanäle und Flüsse müssen mindestens 100fache Schiffsbreite haben und eine unkritische Wassertiefe von $[T_w] = \mathrm{m}$; $[v] = \mathrm{kn}$:

$$T_w \geqq 0{,}17\ v^2$$

Reicht die Wassertiefe nicht aus, so kann (und soll) man Meßfahrten bis zur für die Tiefe kritischen Fahrt

$v_{kr} = \sqrt{T_w/0{,}17}$ machen (Dimensionen wie vorstehend).

022 Flachwassereinfluß

Für normale Schiffsformen im normalen und überschnellen Verdrängerbereich gilt etwa folgendes:
Gefährliche Fahrt in Knoten ist $v = 6{,}086\,\sqrt{T_w}$; es bildet sich eine hohe Heckwelle, das Heck sackt tief ein, und Grundberührung mit Ruder oder Propeller ist möglich.
Weniger schwerwiegend ist bei geringer Fahrt die Widerstandserhöhung und entsprechende Fahrtminderung. Hier entscheidet das Verhältnis Wassertiefe/Schiffstiefgang (ohne Flossen und Anhänge) T_w/T_s. Setzt man den Widerstand bei unkritischer Wassertiefe gleich 1, dann folgt für R, den Widerstand in breiten Kanälen und Flüssen, und für R_o, den in offenem Wasser, etwa folgendes:

T_w/T_s	=	5	4	3	2	1,5
R	=	1,06	1,09	1,13	1,24	1,35
R_o	=	1,05	1,07	1,10	1,18	1,26

Relativ stark motorisierte Gleiter und Halbgleiter mit nahezu optimal angepaßtem Propeller können den gefährlichen Flachwasserzustand rasch überwinden und laufen auf zu geringer Wassertiefe dann sogar 1...2 kn schneller als in tiefem Wasser.
Fahrtmessereichungen in zu flachem Wasser haben keinen Wert für die Seefahrt, wohl aber für Fahrten im Meßrevier.

023 Loggefehler feststellen

Man teile prinzipiell die auf der Meßstrecke durch Zeitnahme gefundene Fahrt durch die vom Fahrtmesser angezeigte, weil dies den Korrekturfaktor für den Fahrtmesser ergibt.

$$k_v = \frac{\text{ermittelte Fahrt}}{\text{Fahrtanzeige}};\ \text{z B}\ \frac{12{,}4\ \text{kn}}{12{,}8\ \text{kn}} = 0{,}97$$

Bei Hin- und Herläufen sollte der Korrekturfaktor für jeden Lauf festgestellt

und auch gemittelt werden $(k_1 + k_2)/2$, um Fehler durch Wind auszuschalten, die ein Log nicht messen kann.
Sowohl Fahrtanzeige wie Streckenanzeige des Logs werden mit dem Korrekturfaktor k_v multipliziert.

Seegangseinflüsse

1.03

Schwere See ist, sieht man von schweren Sturmbrechern und Grundseebrechern ab, ein zur Schiffsgröße relativer Begriff. Schwere See für eine offene Jolle oder ein Kanu mit geschlossenem Spritzverdeck kann sich auf dem Bodensee bilden, doch diese Boote hätten bei einer hohen Atlantikdünung, die einem großen Frachtschiff arg zusetzt und bei Biarritz gewaltig brandet, gar keine Probleme außerhalb der Brandungszone.
Für jedes Schiff ist ein Seegang schwer, der eine Wellenlänge von anderthalb bis zwei Schiffslängen, eine Wellenhöhe von Freibordhöhe oder mehr hat und – als unangenehme Zugabe – von einem Wellenzug ähnlicher Frequenz aus einer um 20° oder mehr unterschiedlichen Richtung durchlaufen wird.
In solchem Wetter geht jeder vernünftige, noch nicht lebensmüde Skipper freiwillig auf kleinere und kleinste Fahrtstufe zurück – Segler, deren nackte Spieren dann schon zu viel Antrieb aus dem Wind holen, kämpfen sogar darum. Aber es gibt auch Kapitäne wie den der fast spurlos in einem Sturm von der Wasseroberfläche verschwundenen „München“, die ihren Frachter hindurchdreschen, denn eine 6 m hohe See reduziert die Fahrt ihres Schiffes sowieso schon um 30...50 Prozent, wenn sie den Gashebel da stehenlassen, wo sie es für schnelle Reise, die den manchmal von Poseidon verlassenen Reedern so gefällt, gewöhnt sind. Solche Naturbremsen treffen zwar nur füllige Schiffe mit roher Gewalt, deren Blockkoeffizient $\delta \geqq 0{,}7$ ist.
Der Blockkoeffizient eines Schiffs errechnet sich so:

$$\delta = \frac{\nabla}{L\,B\,T} \text{ („dimensionslos“)}$$

∇ ist hier die Verdrängung in m^3, L, B, T sind Länge, Breite in der Wasserlinienebene und Tiefgang, in m. L ist dabei nach einer Art Yachtnorm gleich 0,88 $L_{üa}$. Bei T muß man Tothölzer, Kielflossen und Unterränder von Propellerkreisen unberücksichtigt lassen.
Eine statistische Auswertung von „Klasings Bootsmarkt" hat ergeben, daß Kreuzeryachten beider Fakultäten und Motorsegler, die für die See bestimmt sind, kein größeres δ als 0,63 haben, und diesen Rekord hat eine Hatteras Motoryacht von 13 m über alles. Selbst bei 6 m hohen Wellen wird die Fahrt nach Drehzahlkurve um nicht mehr als 5 ... 9 Prozent gemindert, wenn man gegenanknüppeln muß. Damit wir uns recht verstehen: Marschiert das Boot bei Drehzahl 1800 min^{-1} in ruhigem Wasser 6 kn, dann kommt man in einer Windsee mit sehr steilen Flanken nur noch mit 5,5 kn voran (—9%).

030 Rollperiode

Die Rollperiode seines Bootes sollte man kennen. Um sie zu messen, bringt man sein Boot in stillem Wasser und ohne Fahrt durch rhythmische Gewichtsverlagerungen ins Schlingern (Rollschwingungen). Dann mißt man mit der Stoppuhr die Zeit von zehn Schwingungen von Backbordseite unten bis Backbordseite unten – dabei wird die Mannschaft im Takt nachhelfen müssen. Dividiere die gemessene Zeit durch 10, das ergibt die Rollperiode in Sekunden $[\tau] = s$.

031 Seegangsperiode usw

Es bezeichnen v_o m/s = Wellengeschwindigkeit; τ s = Seegangsperiode; λ m = Wellenlänge von Kamm zu Kamm.

$$\tau = 0{,}8\sqrt{\lambda}$$
$$v_o = 1{,}25\sqrt{\lambda}$$
$$\lambda = 1{,}56\,\tau^2 = 0{,}64\,v_o^2$$

Die Wellengeschwindigkeit hat *nichts* mit einer Strömungsgeschwindig-

keit zu tun, sie ist der Transport einer potentiellen Energie, eines Wasserbergs, durch den kein Ruder abbrechen kann. Das Boot wird angehoben und durch die Neigung der Hänge gekrängt; beides sind hauptsächlich statische Einflüsse ohne dynamische Kraftentwicklung des Wassers. Strömungen treten nur auf, wenn der Wellenkamm durch den Winddruck, durch Überlagerung mit einem Wellensystem anderer Wellenperiode (auch Heckwelle des Schiffs!) oder Grundberührung ($T_w \leqq 0{,}5\ \lambda$) bzw. Gegenstrom spitzer als 120° wird und bricht.
Übliche Seegangslängen bei Windstärke 4...10 im Atlantik 50...100 m; Periode 5,7...8 s; Geschwindigkeit 8,8...12,5 m/s (17...24 kn).
Die See kann nur eine Höhe von 0,16 λ erlangen, und das auch nur als anfängliche Windpreßsee unter Windstärken bis 6 (27 kn). Bei stärkerem Wind wird die See im Anfachstadium schon etwas niedergedrückt; maximale Wellenhöhe 0,18 λ. Bei länger anhaltendem Sturm wird die See länger – und flacher $h \approx 0{,}05 \dots 0{,}04\ \lambda$.
Für die Randmeere und den Irischen Schelf (Fastnet-Race!) sind die genannten Atlantikgrößen zu mindern:
Irischer Schelf (Lotung 50...100 m) um 15%
Nordsee (Lotung 20...50 m) um 20%
Ostsee um 30%.
Die genannten Wellenhöhen werden auf keinen Fall überschritten. Wenn die See durch Grundeinfluß oder Gegenstrom kürzer wird (verlangsamt wird), haben die Wasserteilchen im Wellenkamm eine größere Geschwindigkeit als die Wellenfortpflanzung. Somit bricht der Kamm, und sein Wasser läuft den Vorderhang der Welle hinunter, bis eine zur Wellenlänge passende Höhe hergestellt ist.

Windeinflüsse 1.04

Wenn der wahre Wind nicht von genau querab kommt, hebt er die Proportionalität zwischen Propellerdrehzahl und Geschwindigkeit auf. Das heißt: Die Fahrt ist nur noch mit einem Log richtig meßbar.

040 Wahrer und scheinbarer Wind

Antriebsenergie für den Segler liefert nur der wahre Wind. Die Behauptung einiger selbsternannter Segellehrer, der scheinbare Wind sei der wirkliche Antriebswind, ist schlicht Quatsch, denn der scheinbare Wind ist zusammengesetzt aus dem wahren Wind und dem als Wind von vorn empfundenen Luftwiderstand entgegen der Fahrtrichtung des Bootes. Man darf hier nicht Belastung des Riggs (erfolgt durch die Kraft des scheinbaren Windes) mit der Antriebskraft verwechseln, die nur aus dem wahren Wind kommen kann (der ein „modifizierter Wind“ sein kann, → 1.041).
Aus der Geschwindigkeit v_a des scheinbaren Windes und seiner Einfallrichtung σ_a zur Schiffslängsachse (auch Motoryachten sollten Windmeßanlagen haben) läßt sich mit der Schiffsgeschwindigkeit v_s (= Wind von vorn) Richtung und Geschwindigkeit des wahren Windes berechnen; → Abb 1.040. v_s ist immer negativ, weil sie die Fahrt bremst.

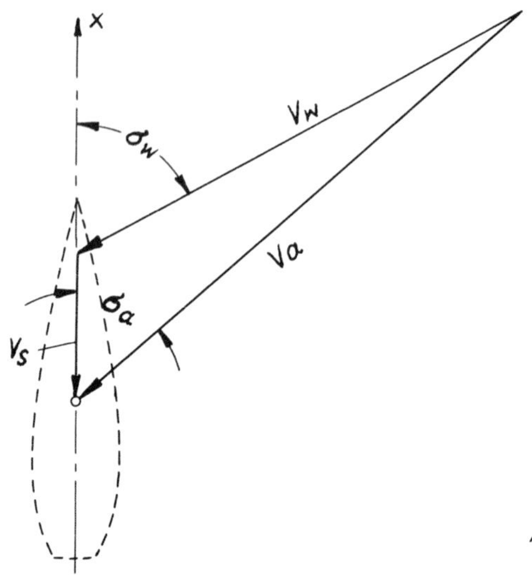

Abb 1.040

Gegeben: zwei Seiten und eingeschlossener Winkel, nämlich: $-v_a$ kn; σ_a° v_a kn. Gesucht: v_w kn, Geschwindigkeit des wahren Windes und σ_w° sein Einfallwinkel (Seitenpeilung).

Gleichung für die Richtung:

$$\tan \sigma_w = \frac{v_a \sin \sigma_a}{-v_s \pm (v_a \cos \sigma_a)}$$

Gleichung für die Geschwindigkeit

$$v_w = \frac{v_a \sin \sigma_a}{\sin \sigma_w}$$

Die Rechner weisen σ_w als spitzen Winkel aus; negativ, wenn der Wind von achtern kommt – vorausgesetzt, die Vorzeichenregel obiger tan-Formel wurde beachtet. Negatives σ_w ist von Achterrichtung aus abzutragen. Auch v_w erscheint als Negativgröße, wenn der Wind achterlich einkommt.

Rechner mit R→P *Funktion*

Mit dem Koordinatenumwandler ist die Aufgabe schneller zu lösen: σ_a, dann v_a eingeben und P→R ausführen; angezeigt wird die x-Komponente, von der v_s abgezogen wird. Nächste Operation R→P (zurück zur Polarkoordinate); angezeigt wird v_w, nach Registertausch σ_w.
σ_a ist hier als vollkreisige Seitenpeilung einzugeben. v_w erscheint immer positiv und σ_w über Backbord als negativer Winkel, der von 360° abzuziehen ist (Abb 1.041).

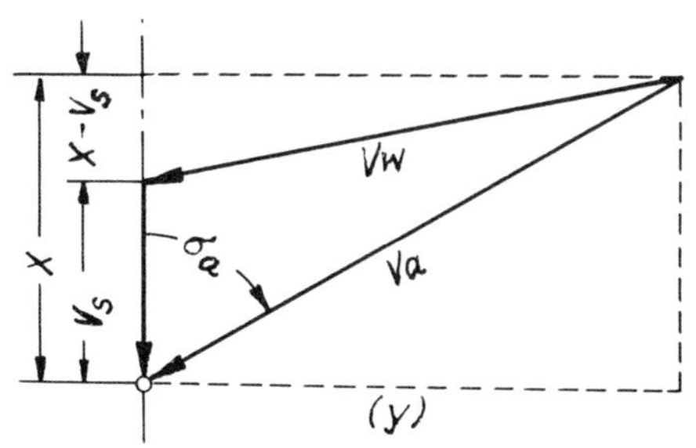

Abb 1.041

(Mathematisch handelt es sich hier um eine Zerlegung in zwei rechtwinklige Dreiecke und die Ausrechnung des Vektors des wahren Windes aus dem kleineren Dreieck. Die y-Koordinate ist für beide Fälle gleich und braucht nicht in die Anzeige geholt zu werden; → 0.41.)

041 „Modifizierter Wind“

Das ist ein amerikanischer Ausdruck. Ein Schiff, das bei absoluter Windstille mit einer Wasserströmung treibt, verspürt einen „Wind“ von der Geschwindigkeit der Wasserströmung, aber entgegengesetzter Richtung. Hat das Schiff Segel, kann es mit der Antriebsenergie der Wasserströmung voraussegeln – es handelt sich so nur um die Umkehr der bekannten Antwort auf die Frage, warum ein Segelschiff auch am Wind segeln kann; es kann eben auch am Strom segeln, wenn kein Wind vorhanden ist; das Segel bewirkt durch seine vom Strom verursachte Bewegung durch die ruhende Luft in dieser die nötige, dynamisch erzeugte Seitenkraft gegen das Abtreiben in Stromrichtung.
Herrschen Wind und Strom gleichzeitig, dann wird der wahre geographische Wind, den etwa das vor Anker im Tidenstrom liegende Feuerschiff „Elbe 1“ verspürt, für ein gerade an ihm vorbeifahrendes Segelschiff *modifiziert* durch die vom Strom verursachte Bewegung des Schiffs durch die Luft. Windvektor $\vec{v}_W$ und Stromvektor $\vec{v}_C$ werden zum modifizierten Wind zusammengesetzt, der die gesamte auf das Schiff einwirkende äußere Energie darstellt, die zum Vortrieb genützt werden kann; Abb 1.042.

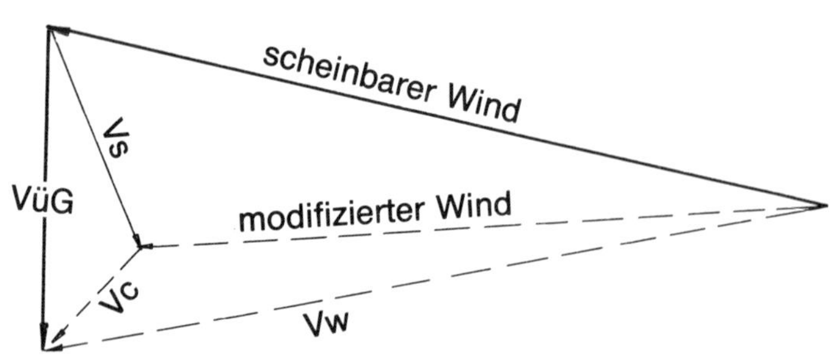

Abb 1.042

Bayern würden ihn vielleicht „Modifizwind“ nennen wollen. Er wird in vielen fertig lieferbaren Programmen und Algorithmen (Software) für Regattasegler extra ausgerechnet – und nur deshalb hier erwähnt. Eine müßige, unnötige Arbeit, denn der Modifizwind ist für den Segler allemal der wahre Wind, ganz gleich, wie er zustande kommt, und nur die Richtung und Stärke dieses an Bord aus scheinbarem und Fahrtwind ($= -v_s$) berechenbaren wahren Windes für die Praxis bestimmt, auf welchem Wege und mit welcher Fahrt man am schnellsten zur nächsten Bahnmarke kommt. Wenn im Solent der Strom kentert, ändert sich auch für den Segler der Wind. Es genügt, sich nach dem zu richten.

042 Krängungseinfluß

Ein Schalenkreuz-Anemometer mißt genaugenommen nur dann die Windgeschwindigkeit richtig (vorausgesetzt, es geht überhaupt richtig), wenn seine Drehachse senkrecht steht. Bei Krängung ist das nicht der Fall, und das Gerät zeigt eine um cos Θ zu kleine Windgeschwindigkeit an; darin ist Θ der Krängungswinkel.
Zur Berechnung des wahren Windes aus dem scheinbaren ist statt des Terms $v_a \sin \sigma_a$ in den Gleichungen zu 1.040 also einzusetzen: $v_a \sin \sigma_a / \cos \Theta$. Wer einen Rechner programmiert, wird diese Spitzfindigkeit hineinnehmen, um sie für größere Krängungen drin zu haben; für die Praxis kann man sie bis zu Krängungen von 15° vergessen. Bei 15° Krängung mißt das Anemometer den scheinbaren Wind um theoretisch 4% zu langsam.

043 Winddrift, Leeweg

Motorskipper neigen dazu, die Abdrift durch Wind zu unterschätzen oder gar nicht an sie zu denken. Sie wissen ja auch nicht, wie sie es berechnen sollen, denn außer *Birr, Kuschinsky, Uhlig* [4] geben alle Autoren nur unverbindliche Ratschläge. Die genannten Autoren erwähnen einen Abdriftfaktor, den russische Schiffbau-Ingenieure unter anderem aus Widerstandskoeffizienten für das jeweilige Schiff im Windkanal ermittelt hätten – wer hat schon einen? Aber es geht auch ohne.

Grundlegend gilt folgendes: Ein quer auf das Schiff drückender Wind versetzt es auch quer. Der auf das Überwasserschiff wirkenden Windkraft wirkt eine auf das Unterwasserschiff drückende Widerstandskraft entgegen, sobald das Schiff Querfahrt aufnimmt. Unter der Windkraft wird diese Quergeschwindigkeit zunächst schneller, wobei die Widerstandskraft so lange anwächst, bis sie der Windkraft das Gleichgewicht hält. Die anfangs beschleunigte Abdrift geht dann in eine gleichförmige Geschwindigkeit über. Solche dynamischen Kräfte F bilden sich nach der Gleichung

$$F = A\, c_w\, \rho\, \frac{v^2}{2}$$

A ist die angeströmte Fläche, c_w der Widerstandskoeffizient, ρ die Dichte des jeweiligen Mediums (Luft von 15°C hat die Dichte 1,23 kg/m^3; Seewasser von 10°C eine von 1025 kg/m^3), v endlich ist die Geschwindigkeit einmal des Windes, zum anderen der Querdrift in m/s.
Das einzige, was sich bei einer Yacht oder einem Passagierschiff in der vorstehenden Gleichung ändern könnte, wäre v und in dessen Folge F. Das gilt für den Schiffsteil in Luft ebenso wie für den im Wasser. Geben wir der Gleichung für Luft mal den Index l und der für Wasser w und schreiben die beiden Gleichungen mal als Verhältnis hin:

$$\frac{F_l}{F_w} = \frac{A_l\, c_{wl}\, \rho_l}{A_w\, c_{ww}\, \rho_w} \cdot \frac{1}{2} \cdot \frac{{v_l}^2}{{v_w}^2}$$

Das Kräfteverhältnis links vom Gleichzeichen interessiert uns nicht direkt, sondern das Ergebnis $(v_l/v_w)^2$ – taufen wir die Formelzeichen jetzt gleich um in v_q für die Querwindgeschwindigkeit und v_d für die Querdrift. An den ersten beiden Termen rechts vom Gleichzeichen kann sich, soweit Yachten, Passagier-und Kriegsschiffe gemeint sind, nur an den beiden Dichten ρ etwas ändern, bedingt durch eine andere Lufttemperatur bzw. beim Wasser außer durch Temperaturänderung auch durch anderen Salzgehalt. Diese Änderungen sind aber zu klein, um praktische Bedeutung zu haben. Bei Frachtschiffen ist A_l/A_w veränderlich; es müssen zwei Abdriftkonstanten festgestellt werden: beladen und unbeladen.
Legen wir unser Schiff an einem nicht zu stark windigen Tag an geschütz-

ter Stelle, wo sich kein nennenswerter Seegang bildet, bei gestoppter Vorausfahrt quer zum Wind, lassen es 1 ... 2 min querdriften, damit es seine stetige Driftgeschwindigkeit erreicht, und messen wir dann mit einem Scheitlog (→ 1.010) - evtl. mit Radar – seine Querdriftgeschwindigkeit v_d und die Geschwindigkeit des Windes v_q. An dem Verhältnis $v_q/v_d > 1$ ist alles „schuld“, was in obiger Gleichung links von v_l^2/v_w^2 steht, und weil sich daran praktisch nichts ändert, bezeichnen wir es als *Abdriftkonstante* k_d. Es ist also

$k_d = v_q/v_d$ die Abdriftkonstante

Um es gleich zu sagen: Sie stimmt nicht ganz für ein Schiff, das auch Vorausfahrt macht, aber sie stimmt viel besser als nichts (und Segler müssen unter der nächsten Nummer noch besonders nachlesen). Wir werden gleich noch sehen.

Berechnung des Abdriftwinkels

Aus der Geschwindigkeit v_a und dem Einfallwinkel α muß die Querwindkomponente berechnet werden: $v_q = v_a \sin \alpha$ (Abb 1.043). Teilen wir das durch die Abdriftkomponente, dann wissen wir, welchen Leeweg (quer zur Kielrichtung) das Schiff in der Zeiteinheit des Geschwindigkeitsmaßes (gewöhnlich die Stunde 1 h) laufen wird. Dieser Weg steht am Ende der vom Schiff in 1 h zurückgelegten Kursstrecke (der Hypothenuse) als Gegenkathete in einem rechtwinkligen Dreieck, dessen Winkel δ am Anfang der Stunde der Driftwinkel ist. Gegenkathete zu Hypothenuse ist der Sinus, also: $\sin \delta = v_d/v_s$, worin v_s die Schiffsgeschwindigkeit ist.
Das stimmt aber so nur, wenn v_q zufällig gleich dem Wind beim Versuch mit dem Scheitlog ist. Wir wissen vom Propellerantrieb (Drucklager), daß zu einer linearen Geschwindigkeitserhöhung eine quadratisch steigende Schubentwicklung nötig ist. Die wirkenden Kräfte beim Scheitlogversuch bestanden aus F_l = Luftkonstante × Luftgeschwindigkeit zum Quadrat und F_w = Wasserkonstante × Quadrat der Driftgeschwindigkeit (die Widerstandskraft). Haben wir es mit einem anderen Antriebswind v_q zu tun, dann

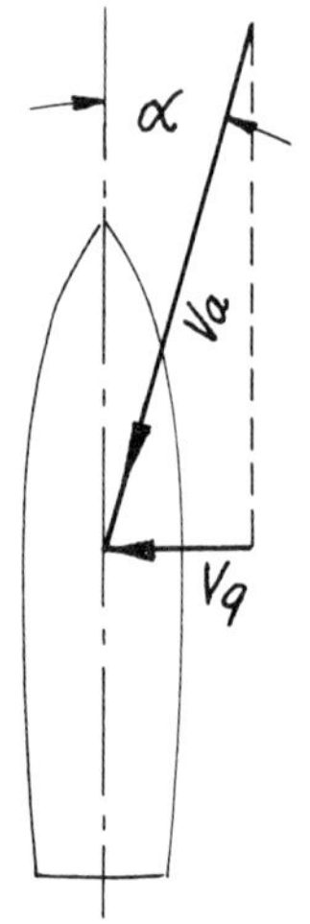

Abb 1.043

müssen wir die Kräfte berücksichtigen, die jede eine Funktion von v^2 sind. k_d ist eben nur der Quotient aus Luftkonstante/Wasserkonstante, der sich nicht ändert, weil keine der beiden Konstanten sich ändert. Das war aus dem einfachen Geschwindigkeitsvergleich für alle Geschwindigkeiten des Antriebswindes gültig abzuleiten.

Für die Berechnung des Abdriftwinkels gilt demnach:

$$\sin \delta = k_d \left(\frac{V_a}{V_s}\right)^2 \sin \alpha$$

Diese Formel hat jedoch eine Grenze. Die Leegeschwindigkeit in Querschiffsrichtung wird garantiert nicht größer als $2{,}43\sqrt{B_w}$ in Knoten, worin B_w die Breite des Schiffs in der Wasserlinienebene, eingesetzt in Metern, ist. Seltsam, daß noch keiner an Froudes Gesetz für dwars laufende Schiffe gedacht hat, das doch die Erfahrung erklärt, nach der auch im wütendsten Sturm manövrierunfähige Schiffe in 24 h höchstens 50...80 sm abgetrieben werden.

Unsere mit Scheitlog und Windmesser gewonnene Abdriftkonstante wird, wie schon erwähnt, für ein Schiff in Vorausfahrt nicht stimmen, weil das Schiff dabei ähnlich der Kielflosse eines Segelbootes auch eine dynamische Seitenkraft entwickelt.
Eine genauere Bestimmung von k_d ist durch Ansteuern einer Deckpeilung bei einem nicht zu spitz einkommenden Wind v_a (also scheinbar) möglich, weil man dabei, um die Deckpeilung zu halten, mit dem Driftwinkel δ gegenhalten muß. Diesen Winkel mißt man am besten mit dem waagerecht gehaltenen Sextanten, mit dem man Göschstock bzw. Vorstag und Peilmarke in Deckung bringt. Man muß dabei nur beachten, sich mit dem Sextanten mitschiffs aufzustellen, damit es keine Göschstockparallaxe gibt. v_a, v_s und α müssen natürlich auch gemessen werden. Durch Umstellung der Formel für den Abdriftwinkel kommt man dann zu

$$k_d = \frac{\sin \delta}{\sin \alpha \, (v_a/v_s)^2}$$

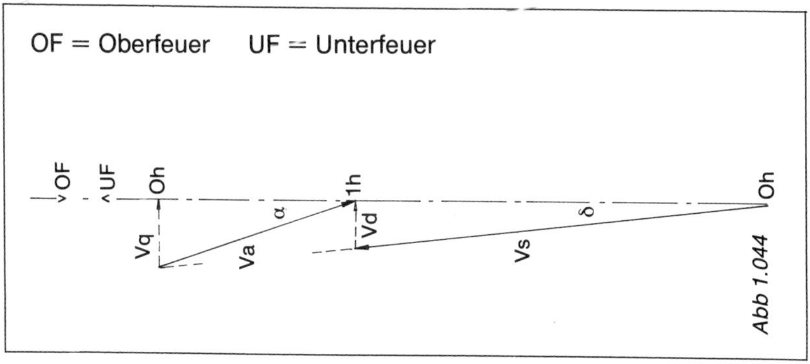

Abb 1.044 ist eine graphisch komplette Darstellung des Falls für $v_a = 5$ kn, $\alpha = 18{,}5°$, $v_s = 10$ kn und $\delta \approx 6°$ – und für einen Schuhkarton, damit die Zeichnung deutlicher wird. Wenn Sie v_q und v_d (gestrichelt) ins Verhältnis setzen, kommt $v_q/v_d = 1{,}4$ heraus – so schlecht ist also die Sache mit dem Scheitlog nicht; rechnen Sie das Beispiel aus.

044 Für Segler: Weg nach Luv

Ob der Segler geradenwegs dahin segeln kann, wohin er will, das hängt zum Teil davon ab, woher ihm der wahre (oder modifizierte) Wind kommt. Kommt er auch nur etwa aus der Richtung, in der das Reiseziel liegt, dann geht es darum, möglichst viel aus der Gleichung

$$v_h = v_s \cos \gamma$$

zu machen, in der v_h die Weg nach Luv gewinnende Geschwindigkeit ist, v_s die Schiffsgeschwindigkeit und γ der Kurs zum wahren Wind. Lernen wir gleich noch dazu α als den Kurswinkel zum scheinbaren Wind, der um den Driftwinkel δ größer ist als die Kielrichtung des Segelbootes.
Eine interessante Beziehung ist da das Verhältnis des Höhengewinns (Weg nach Luv) v_h, entgegen dem wahren Wind mit seiner Geschwindigkeit v_w.

$$\frac{v_h}{v_w} = \frac{\cot \gamma}{\cot (\gamma - \alpha) - \cot \gamma}$$

Man muß also, wie in 1.040 beschrieben, zuerst aus dem scheinbaren Wind den wahren Wind ausrechnen, ehe man an vorstehende Gleichung gehen kann.
v_h/v_w wird bei schweren Kielbooten in leichtem Wind höchstens 0,6 und bei Starkwind 0,3 bei $\gamma = 30 \ldots 44$ Grad; weiter abfallen bringt nichts, weil der Wellen machende Widerstand so rapide anwächst und das Boot nicht mehr schneller wird. Die theoretisch mögliche maximale Seitenkraftentwicklung durch den Kiel ist nicht ausnützbar, weil es zu dem großen Driftwinkel, der dazugehört, keine Segelstellung mehr gibt, die außer Luftwiderstand noch etwas brächte. Das sind Naturgesetze, gegen die keiner der klugen Schreiber von Amateurstatus etwas ausrichten kann.
Mit leichteren Verdrängerbooten, denen man außerdem eine Form zur Minderung ungünstiger Wellenbildung gegeben hat, läßt sich durch Abfallen auf 40 ... 52 Grad noch ein wenig besseres v_h/v_w herauskitzeln, aber diese Boote sind alles andere als kursfromm und gefährlich in kurzer und steiler See. Die Segelyachtkonstruktion ist ausgereizt.

Koppeln Sie Windbeschickung NICHT mit der Beschickung für Strom! Wind ist erkenn- und berechenbar; Strom selten.

Stromschiffahrt 1.05

Driftstrom entsteht durch längerzeitige Windeinwirkung; zur Beurteilung ist die Großwetterlage wichtiger als örtlicher Wind. Stromgeschwindigkeit etwa 1,5% der Windgeschwindigkeit. Richtung auf Nordhalbkugel je nach Dauer des Windes 20...40 Grad nach rechts vom Winde gedreht, auf der Südhalbkugel nach links. In der Ostsee vorherrschende Stromart. Ferner die großen Ozeanströme, verursacht durch Passat und Monsun. Der Strom geht *mit* dem Wind; bei SW-Wind also ungefähr NE.
Dichteausgleichstrom wird verursacht durch unterschiedlichen Salzgehalt und unterschiedliche Wassertemperaturen – Straße von Gibraltar beispielsweise.
Gezeitenströme werden von der Gezeitenwelle verursacht. Auf dem freien Ozean setzt der Flutstrom entgegen der Laufrichtung der Welle (nach West) von 3 h vor bis 3 h nach Hochwasser (HW), der Ebbstrom von 3 h nach bis 3 h vor Hochwasser. An Hindernissen – Küsten, großen Bänken, Engen – läuft der Flutstrom etwa 6 h bis HW, der Ebbstrom bis etwa Niedrigwasser. In Nebenmeeren und Engen entstehen hohe Stromgeschwindigkeiten. Nordsee bis 2 kn, Elbmündung 5 kn, Straße von Dover 3 kn, zwischen Ouessant und dem Festland der Bretagne in den Passagen bis 8 kn. Aber nicht nur Reviere mit großem Tidenhub, wie Brest (6 m) und St. Malo (12 m), haben starke Tidenströme aufzuweisen, sondern auch auf großen Bänken wie der Bahamabank mit nur 60 cm Tidenhub setzen zwischen manchen Inseln Ströme bis zu 8 kn.

> Es ist gefährlich, ja leichtsinnig, in Tidenrevieren ohne Kenntnis der Gezeit und der Strömungen zu fahren.

Auskünfte geben Stromatlanten, Seehandbücher und Revierbeschreibungen.

050 Stromerkennung

Eine Strömung ist von Bord aus nicht unmittelbar erkennbar, weil sich das Schiff mit dem es umgebenden Wasserkörper in gleicher Richtung mit gleicher Geschwindigkeit bewegt.*

Strom mit einer Querkomponente zur Kielrichtung wird erkennbar beim Zufahren auf eine Deckpeilung (→ Abb 1.044), sofern nicht noch Wind mit im Spiel ist, bei Windstille und leichtem Wind an der Richtung der Ankerlieger (Feuerschiffe), am Überliegen von Fahrwassertonnen und deren Kielwasser als Anhalt für die Stromgeschwindigkeit. An den Küsten setzt der Strom meist parallel zur Küste, und man erkennt ihn in der ebenfalls der Küste etwa parallelen Küstenfahrt am Vergleich der Fahrt durch das Wasser v_s mit der über Grund gutgemachten Fahrt v_g, die man durch Zeitmessung und Ablaufen von Strecken mit Querabpeilung von Landmarken an deren Ende und Anfang feststellt. Auch andere Methoden der laufenden Ortsbestimmung (→ Abschnitt 2.2) sind brauchbar.
Auf hoher See wird Strom immer nur „nachher" an der Versetzung erkennbar, wenn man durch astronomische oder funkortende Verfahren einen anderen Schiffsort festgestellt hat als den nach der Koppelrechnung für dieselbe Zeit. Zwar ist das meist eine *Gesamtversetzung,* an der auch Wind beteiligt ist. Absolute Genauigkeit kann kein Nautiker erwarten.

Siehe Seite 100

---

* Bei Windstille würde sich durch das durch die Luft bewegte Überwasserschiff ein Luftzug bemerkbar machen, der praktisch dieselbe Geschwindigkeit, aber entgegengesetzte Richtung der Strömung hat. Man kann aber auch nicht feststellen, was Wind und was Fahrtwind durch die Stromversetzung ist.

051 Stromversetzung, Stromaufgaben

Es bezeichnen*:

v_s /kn Fahrt des Schiffs durch das Wasser
v_c /kn Stromgeschwindigkeit (*c* für *cursus,* Strömung)
v_g /kn Fahrt über Grund
κ (rw) Kartenkurs (geplanter Weg über Grund)
κ_k(rw) Kielrichtung
κ_c Stromrichtung
κ_s(rw) Schiffskurs durch das Wasser (bei Windvorhalt nicht mit Kielrichtung identisch)
κ_g(rw) gutgemachter Kurs über Grund
κ_r Kompaßkurs (*r* für Ruder)
β Versetzwinkel in grd.

Alle Kurse κ in Grad und rechtweisend, ausgenommen κ_r.
Ist der Stromkurs $\kappa_c = \kappa_s$, dann ist $v_g = v_s + v_c$
Ist der Stromkurs $\kappa_c = \kappa_s \pm 180$, ist $v_g = v_s - v_c$
Bildet κ_c einen Winkel mit κ_S, dann versetzt eine v_c-Komponente quer zu v_S das Schiff und eine v_c-Komponente in oder gegen Richtung v_s das Schiff voraus oder zurück. →Abb. 1.050.

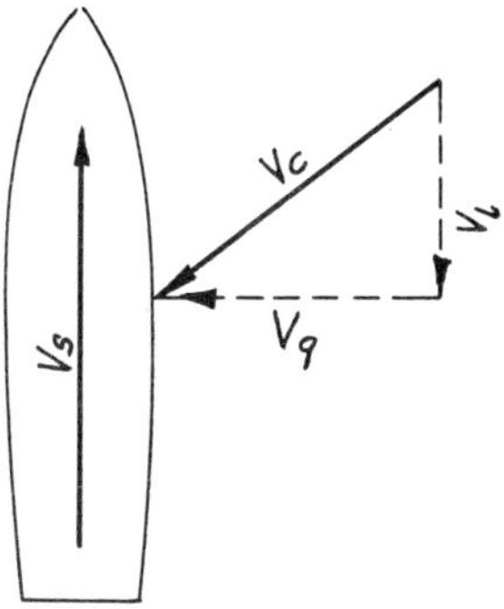

Abb 1.050

* Wegen besserer Übersichtlichkeit und in Übereinstimmung mit DIN 1304 und DIN 1313 sind hier die in der Nautik üblichen systemlosen Kursabkürzungen durch klein *kappa* mit kennzeichnendem Indexbuchstaben ersetzt worden. Entwurf DIN 13 312 ist nicht berücksichtigt.

Für $\kappa_c > \kappa_s$ ist β positiv (Versetzung nach Stb).
Für $\kappa_c < \kappa_s$ ist β negativ (Versetzung nach Bb).
Diese dem Schulnautiker ungewohnte Ersetzung des „Strom von Bb" usw. ist wichtig für den richtigen Umgang mit dem mathematischen Rigorismus der Computer beim Rechnen und Programmieren.

> *Merke:* **Ist der Kurs des Stroms größer als der Kurs des Schiffes, dann versetzt der Strom nach Steuerbord. 360° ist Null zu setzen.**

Anmerkung zu den Stromaufgaben:

In Küstennähe ist es besser und anschaulicher, die Stromaufgaben in der Karte zu zeichnen. Auf See ist die Rechnung vorzuziehen; ebenso bei der Arbeit in Karten kleinen Maßstabs; → auch Abschn 1.06.

1. Stromaufgabe

→ Abb 1.051: Gegeben: Kurs und Fahrt durch das Wasser (κ_s, v_s) und Richtung und Stärke des Stroms (κ_c, v_c). Gesucht: Kurs und Fahrt über Grund (κ_g, v_g).

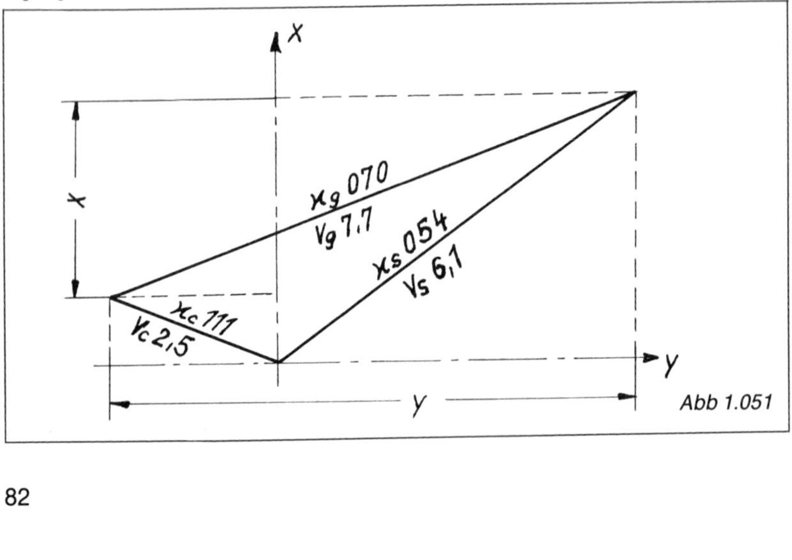

Abb 1.051

Rechner:

$$x = v_s \cos \kappa_s + v_c \cos \kappa_c; \quad y = v_s \sin \kappa_s + v_c \sin \kappa_c$$

$$\kappa_g = \arctan (y/x); \quad v_g = \sqrt{x^2 + y^2}$$

Merke: + oder – in den Formeln sind *keine* Vorzeichen, sondern *Operationszeichen.* Sollte der Rechner etwa ein ($v \sin \kappa$) negativ ausgeben, dann ist dieser negative Wert ohne Betätigung der Vorzeichenänderungstaste zu addieren nach der Art: 25 + (–33) = (–8).

Rechner mit R→P-Automatik rechnen *x,y* mit dieser Automatik aus; ebenso κ_g, v_g. Man lese in der Gebrauchsanleitung des Rechners nach.

2. Stromaufgabe

→ Abb 1.052: Gegeben: Kartenkurs (κ), den das Schiff gutmachen soll, Richtung und Stärke des Stroms (κ_c, v_c), Fahrt des Schiffs durch das Wasser (v_s). Gesucht: Der durchs Wasser zu fahrende Kurs (κ_s), die Fahrt über Grund (v_g), evtl. noch die Zeit für die Zurücklegung der Kartendistanz über κ.

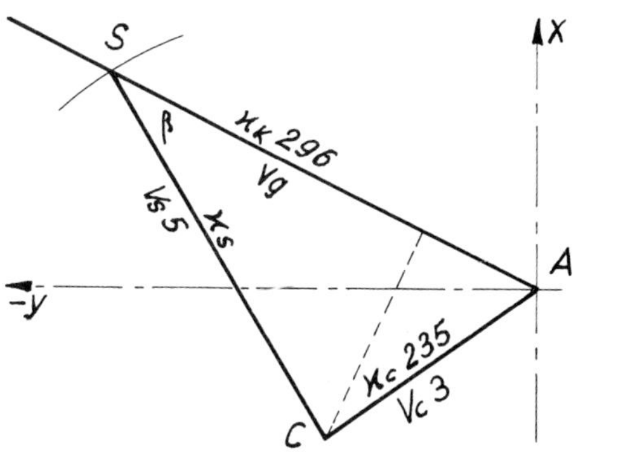

Abb 1.052

Zeichnung:
Trage im Ablaufpunkt (A) κ und κ_c an und mache letzteren im Fahrtmaßstab v_c (von A aus) lang. Schlage um Endpunkt (C) von v_c mit v_s als Radius einen Kreisbogen, der κ schneidet (S.) AS ist v_g im Fahrtmaßstab. CS hat die Richtung des einzuhaltenden Kurses κ_S.

$$\text{Fahrzeit/h} = \frac{\text{Distanz Ablauf–Ziel/sm}}{v_g/\text{kn}}$$

Rechner:
Versetz(vorhalt)winkel

$$\beta = \arcsin\,[(v_c/v_s)\sin(\kappa - \kappa_c)]$$

Kurs durchs Wasser

$$\kappa_S = \kappa + \beta$$

Fahrt über Grund

$$v_g = v_s \cos\beta + v_c \cos(\kappa - \kappa_c)$$

→ Anmerkung zu Vorzeichen unter „Stromaufgabe 1".

3. Stromaufgabe

→ Abb 1.053: Gegeben durch genaue Bestimmungen von Ablaufort und augenblicklichem Ort: Kurs und Fahrt über Grund (κ_g, v_g); ferner Kurs und Fahrt durch das Wasser (κ_S, v_s); v_g = Distanz : Fahrzeit. Gesucht: Versetzung nach Richtung (κ_c) und Distanz (diese durch Fahrzeit geteilt = v_c).
In der Zeichnung ist angenommen, daß beide bestimmten Schiffsorte durch Peilung und Abstand (Radar) gefunden wurden. Zeichnung genügt für diese Aufgabe; auf See kann man die Besteckrechnung anwenden, → 1.3.

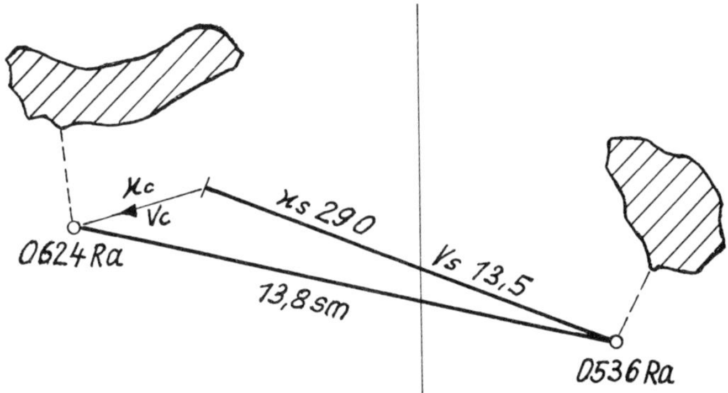

Abb 1.053

052 Arbeit mit dem Stromatlas

Für die Fahrt in Gewässern mit stündlich – tatsächlich in noch kürzeren Zeitfolgen – nach Richtung und Geschwindigkeit sich ändernden Gezeitenströmen gibt es Strömungsatlanten. Am einfachsten zu begreifen sind die britischen und die nordamerikanischen. Auszüge aus den britischen Stromatlanten für den Ärmelkanal, die Irische See, die östliche Einfahrt zur Straße von Dover und das Revier vor Brest findet man auch in den privaten Almanachs von Reed und Brown in kleinerem Maßstab.
Die Stromverhältnisse sind Stunde um Stunde vor und nach Dover Hochwasser (HW) als Richtungspfeile mit danebenstehenden Geschwindigkeiten für Nipp- und Springtide dargestellt. Gußeiserne Genauigkeit und Richtigkeit der Angaben für jeden Zeitpunkt und jedes Wetter ist natürlich nicht zu erwarten.
Deshalb genügt es, den Strompfeil an den (geplanten) Kartenkurs κ für die

fragliche Zeit *freihändig* zu zeichnen; die Richtung aus dem Stromatlas, die Länge, entsprechend der Geschwindigkeitsangabe im Atlas nach Augenmaß, entsprechend der Länge der Breitenminuten (=sm) am rechten oder linken Kartenrand, wo man auch die Schiffsgeschwindigkeit in den Zirkel nimmt, mit der man dann vom freien Ende des Strompfeils den bekannten Bogenschlag zum Schnitt mit κ ausführt (→ 2. Stromaufgabe).
Was noch zu tun bleibt: Nach einer Stunde ausschauen, ob das erwartete Seezeichen in der Nähe ist – Tonnen am Wege sind begrüßte Kontrollzugaben. (Viele amerikanische Skipper haben einen gewöhnlichen Wecker an Bord, der nach einer oder einer halben Stunde, je nachdem, rappelt und sie daran erinnert, nach der nächsten Navigationsmarke auszuschauen.)
Warnung: Diese Methode empfiehlt sich nicht, wenn die Stromgeschwindigkeit größer als 1/3 der Schiffsgeschwindigkeit wird. Man muß dann exakt zeichnen und eventuell nach dem Ergebnis einen anderen Weg wählen oder Stillwasser abwarten. Zum Beispiel wird man mit einem nur 10 kn schnellen Schiff keine der engen Passagen an der NW-Ecke Frankreichs wagen, wenn dort der Strom mit 5...8 kn setzt, ohne genau für jede nötige Änderung von κ gezeichnet und gerechnet zu haben.

053 Methode nicht empfehlenswert

Die Methode wurde als „Optimierung der Stromnavigation“ in der Benutzerbibliothek für einen programmierbaren Taschenrechner vorgeschlagen.
Der Erfinder, ein „Navigator“ vom Genfer See, hat die stündlichen Stromänderungen aus den Stromatlanten zu einer Vektorkette zusammengefügt, daraus den resultierenden Stromvektor – über 12 h!!! – konstruiert und mit dem Weg des Schiffes durch das Wasser in diesen 12 h als Radius den Kreisbogen zum Schnitt mit dem geplanten Kartenkurs geschlagen. Mit dem so gewonnenen Kurs durch das Wasser κ_s soll das Schiff die ganze Zeit gesteuert werden. Das alles kann solch ein Rechner ausrechnen und dann auch jede Stunde den gutgemachten Weg über Grund anzeigen.

Es ist kein optimaler Weg, sondern ein Umweg, und ein gefährlicher zudem, weil er einen weit ab vom geplanten Kurs bringt, wo eine Untiefe liegen kann, die auf dem Zifferblatt des Rechners nicht angezeigt wird.

054 Kursverwandlung mit Strom und Wind

Vom Richtigen zum **Falschen** mit **falschem** Vorzeichen
Vom Falschen zum **Richtigen** mit **richtigem** Vorzeichen

Man achte auf die enge Nachbarschaft der hervorgehobenen Wörter, damit die Beschickung richtig angebracht wird. → Abb 1.056.

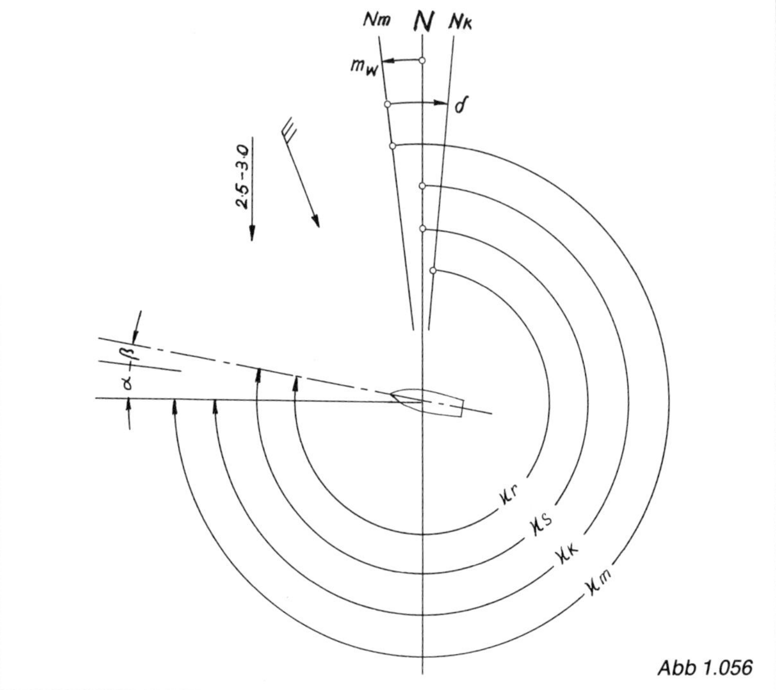

Abb 1.056

VERWANDLUNGSSCHEMA EINPRÄGEN!

Vom Richtigen ↓

Wahrer Kurs, Kartenkurs	$\varkappa$	(WK)
Versetzvorhalt (Strom)	β	(β)
Driftvorhalt (Wind)	α	(α)
Kielrichtung	$\varkappa_k$	(rwK)
Mißweisung	m_w	(Mw)
Magnetischer Kurs	$\varkappa_m$	(mwK)
Deviation	δ	(δ)
Kompaßkurs (am Ruder)	$\varkappa_r$	(KpK)

Vom Falschen ↑

(In Klammern: hergebrachte Bezeichnungen)

Merke: Es wird gerne der Fehler gemacht, zuerst einen Kompaßkurs auszurechnen und an diesen nachträglich die Vorhalte für Wind und Strom anzubringen – das mag angehen, wenn der Kompaß gut kompensiert ist und keine größeren Deviationsamplituden als 1...2 grd hat. Die Deviation wird aber nicht vom Kartenkurs, sondern von der Kielrichtung $\varkappa_k$ im magnetischen Erdfeld bestimmt.

Merke: Kompaßpeilungen werden wie Kurse beschickt, *jedoch ohne Wind- und Strombeschickung.*

055 Behandlung von Seitenpeilungen

Seitenpeilungen werden von voraus rechtsherum von 0...360 grd gezählt – 090° ist steuerbords querab. Abb 1.057 zeigt, daß man die Seitenpeilung gleich mit der (rechtweisenden) Kielrichtung ($\varkappa_k$) zur rechtweisenden Peilung addieren kann:

Kielrichtung	$\varkappa_k$	
Seitenpeilung	σ	+
rw Peilung	P	=

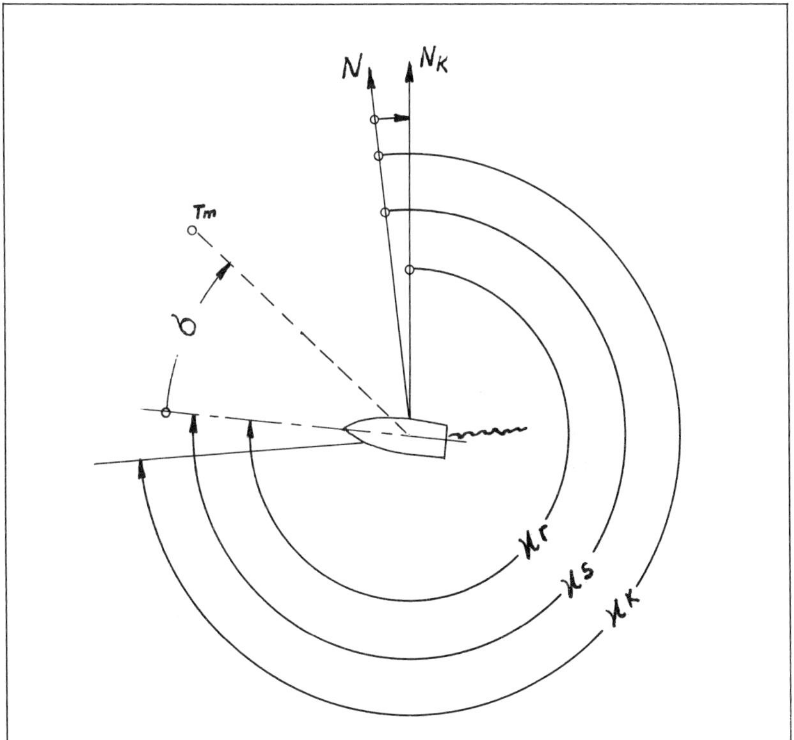

Abb 1.057

Voraussetzung ist jedoch, daß im Moment der Peilung der befohlene Kompaßkurs anliegt; anderenfalls muß der beim Nullruf des Peilers anliegende Kompaßkurs gemerkt und zu σ addiert werden zur Kompaßpeilung, die beschickt werden muß.
(Laufende Seitenpeilungen → Abschn 2.1)

Besteckrechnen, Koppeln 1.1

Für die Besteckrechnungen ist auch der Ausdruck „Segelung" üblich. Man unterscheidet:
1. Besteckrechnung und 2. Besteckrechnung und bei beiden die Rechnung nach mittlerer Breite und die Rechnung nach vergrößerter Breite. Besteckrechnungen ersparen das Kursabsetzen in der Karte über größere Entfernungen – etwa von Bishop Rock nach Barbados oder von Ile de Sein bei Brest nach La Coruña.

Es bezeichnen:

$\varkappa$	Kartenkurs (beim Koppeln Kurs durchs Wasser)
d	Distanz, Reiseweg
φ_A	Breitengrad des Abfahrtortes
φ_B	Breitengrad des Bestimmungsortes
λ_A	Längengrad des Abfahrtortes
λ_B	Längengrad des Bestimmungsortes
$\Delta\varphi$	Breitenunterschied, $\Delta\varphi'$ dto. in Winkelminuten
$\Delta\lambda$	Längenunterschied, $\Delta\lambda'$ dto. in Winkelminuten
φ_m	Mittlere Breite
Φ	Vergrößerte Breite in Meridionalteilen
$\Delta\Phi$	Unterschied der vergrößerten Breiten in Meridionalteilen
l	Abweitung, gutgemachte Seemeilen nach E oder W auf φ_B

Anmerkung: Kurz vor Abschluß der Manuskripte zu diesem Buch erschien der DIN-Normentwurf DIN 13312 (16), der die mathematischen Verstöße der früheren Navigationslehre ausgemerzt hat, aber nicht klar genug zu erkennen gibt, daß nunmehr statt mit Graden mit Radians gerechnet wird. Was die Formelzeichen betrifft, so habe ich hier *l* für die Abweitung genommen, denn *a* ist in der Geographie, Geodäsie und Kartographie für den Äquatorradius der Erde besetzt; physikalisch-technisch steht das Kürzel *a* außerdem für Beschleunigung.

100 Erste Besteckrechnung

Sie gibt Antwort auf die Frage, wo man ankommt, wenn man von einem bekannten Ablaufort (φ_A; λ_A) aus einen Kartenkurs $\varkappa$ und eine Distanz d

abläuft. Da es sich hierbei wohl immer um mittlere Entfernungen von zwei, höchstens drei Etmalen (Datums-Strecken) oder um Ozeanüberquerungen mit Kursen, die von der Ost-West-Richtung oder deren Gegenrichtung nicht mehr als 20° abweichen, handelt, wird hier nur die Lösung mit φ_m behandelt. Der praktische Rechengang mit einem Rechner ist:

$$l = d \sin \kappa \text{ (speichern)} \quad (01)$$

$$\Delta\varphi' = d \cos \kappa \quad (02)$$

Dies bringt Zahlen, wie man sie in den Gradtafeln (transit tables) findet.

$$\Delta\lambda = \frac{l}{60 \cos (\varphi_A + \Delta\varphi'/120)} \quad (03)$$

$$\lambda_B = \lambda_A + \Delta\lambda \quad (04)$$

$$\varphi_B = \varphi_A + (\Delta\varphi'/60) \quad (05)$$

Die Gleichungen (01) und (02) lassen sich mit Rechnern, die Koordinaten wandeln können (P→R), zusammenfassen; man gibt κ ins Y-Register und d ins X-Register und drückt P→R. $\Delta\varphi'$ wird durch 120 geteilt, weil ½ für die Bildung der mittleren Breite gebraucht wird und 1/60 die Umwandlung in Grad ist. Mit RPN- (UPN-) Rechnern werden (01) und (02) besser von rechts nach links gerechnet, weil die Winkelfunktion automatisch „entert".

Kontrollbeispiel:
Abfahrtort N 55° 00′, W 11° 00′, κ 235°, d 200 sm.
Es muß herauskommen: $l = -163{,}83$, $\Delta\varphi' = -114{,}72'$,
$\varphi_m = 54{,}0440°$, $\Delta\lambda' = -279{,}02' \triangleq 4{,}6503°$, $\lambda_B =$ W 015°39.0′, $\varphi_B =$ N 53°05.3′.

101 Zweite Besteckrechnung mit φ_m

Die Koordinaten des Abfahrtortes und des Bestimmungsortes sind gegeben. Ausgerechnet werden Kartenkurs und Länge des Kartenweges (Loxodrome). Man bildet die Differenzen $\varphi_B - \varphi_A$ (nicht umgekehrt!) und $\lambda_B - \lambda_A$ (nicht umgekehrt!) und achtet auf die Vorzeichen: Süd und West negativ. Wer einen Rechner hat, weiß, daß er in Dezimalgrad umwandeln muß.

$$\varphi_m = \varphi_A + \Delta\varphi/2 \qquad (11)$$

Die Abweitung l in sm (Äquator-Meridianminuten)

$$l = \Delta\lambda \cos(\varphi_A + \Delta\varphi/2) \cdot 60 \qquad (12)$$

und der Kurs κ ergibt sich aus

$$\kappa = \arctan(l/\Delta\varphi') \qquad (13)$$

Die Distanz d läßt sich mit dem so gefundenen Kurs berechnen aus

$$d = \Delta\varphi'/\cos\kappa \qquad (14)$$

Zu beachten ist – vor allem für das Programmieren von Rechnern und Computern – daß man getrost aus Rationalisierungsgründen l und $\Delta\varphi$ in Graden rechnen kann sowie auch d, das man dann zum Schluß durch Multiplikation mit 60 in Winkelminuten verwandeln muß, die zahlenmäßig nun mal etwa den Strecken in Seemeilen auf der Erdoberfläche entsprechen. Dies ist keine schöne, gewiß auch keine exakte Mathematik, aber man kann sich gut damit helfen und Zeit sparen. Gleichungen (13) und (14) lassen sich bei Rechnern mit Koordinatenwandler zusammenfassen, indem man l als y-Koordinate zuerst eingibt (ENTER) und dann $\Delta\varphi'$ und diese beiden cartesischen Koordinaten in Polarkoordinaten (R→P) verwandelt, wobei zuerst im x-Register die Distanz d erscheint, und nach Registertausch der Kurs κ, der, wenn er bei dieser Methode negativ ausgewiesen wird, mit $+ 360°$ zum richtigen vollkreisigen Kartenkurs ergänzt wird.

Kontrollbeispiel:
Abfahrtort: N 49° 52′, W 006° 27′ (Bishop Rock);
Bestimmungsort N 42° 53′, W 009° 16′ (Cabo Finisterre).
Es muß herauskommen: φ_m = N 46,375°, $l = -1{,}9433$,
$d = 7{,}2487° \triangleq 434{,}92$ sm, $\kappa = 195{,}6°$.(→ Abb 1.10 a).
Wenn das nicht herauskommt, sind bei der Eingabe Vorzeichenfehler gemacht worden oder es ist $\varphi_A - \varphi_B$ beziehungsweise $\lambda_A - \lambda_B$ gerechnet worden. Man ist sicherer vor solchen Fehlern, wenn man Nummern-Index

verwendet φ_1, φ_2 usw. und den kleinen Index vom größeren abzieht, aber das ist nicht die Norm.

Schwierigkeit mit der Datumsgrenze

Ein Schiff auf dem Weg von Yokohama (ca N 35 E 140) will die Hawaii-Insel Kauai (ca N 22 W 159) ansteuern. $\Delta\lambda = -159° - (+140°) = -299°$. Verwandeln wir das nach Gleichung (12) in Abweitung, dann kommen $l =$ −15 765,98 sm heraus. Da ein Großkreis rings um die Erde 21 600 sm lang ist, geht diese Abweitung in westlicher Richtung (−) auf der anderen Seite einen langen Umweg. Der mit Gl (13) ausgerechnete Kurs ist ebenfalls Unsinn (87,2°), denn eine Loxodrome schraubt sich hinauf zum Pol und endet da. Den richtigen Kurs bekommen wir, wenn wir zu $\Delta\lambda = -299°$ $+ 360°$ zählen, also mit $\Delta\lambda = 61°$ rechnen, und dabei stimmt dann sogar die Richtung + nach Osten.
Wir können beim Programmieren dem Rechner aber nicht befehlen: „Wenn $\Delta\lambda > 180$, dann + 360“. Wenn wir in die Gegenrichtung segeln, macht der Rechner dann

$$\Delta\lambda = +140 - (-159) + 360 = 659$$

Da hätten also 360 abgezogen werden müssen, und auch die Richtung hätte mit $\Delta\lambda = -61$ gestimmt.
Das aber ist einem dummen Computer nicht so einfach beizubringen, denn die Frage „> 180?“ beantwortet er für „−299°“ gewissenhaft mit nein und überspringt den Befehl zur Addition von 360 – und schickt uns wieder um mehr als die halbe Welt und auf einen Kurs zum Pol.
Folgende Schritte sind nötig, nachdem $\lambda_2 - \lambda_1$ ausgerechnet ist:

$\Delta\lambda < 0$?
Setze Flag
Bilde Absolutwert
$|\Delta\lambda|$
$|\Delta\lambda| > 180$?

Gehe zur Subroutine 0
Vertausche X-Y-Register (Comp. letzte beiden Zeilen)
Lösche neue X-Zeile
Flag gesetzt?
Kehre Vorzeichen um
Dies ist das richtige $\Delta\lambda$
Subroutine 0
Kehre Vorzeichen um
Rufe 360 aus Speicher
Addiere
Kehre Vorzeichen um
Gehe an Abzweigstelle ins Hauptprogramm zurück

Das Hauptprogramm fragt im nächsten Schritt, ob ein Flag gesetzt ist; wenn ja, wird das Vorzeichen nochmal umgedreht.

Das ist nun der Verlauf für einen HP-Rechner, bei dem die Operation immer erst ausgeführt wird, wenn die beiden Beträge, die z. B. addiert werden sollen, eingegeben sind, dann wird die + Taste gedrückt oder + im Programm ausgeführt, und das Ergebnis steht im Schaufenster. Hewlett-Pakkard nennt das „Umgekehrte Polnische Notation“ (UPN, amer: RPN); vornehm, aber nichts besonderes, denn so hat jede mechanische Rechenmaschine gearbeitet. Wer eine arithmetisch arbeitende Maschine hat (sie ist immer elektronisch), wird aber die oben genannte Logik für sein Gerät leicht übersetzen können.

Ich halte es bei mir so, daß der Rechner immer zuerst das Besteck nach φ_m berechnet und $\Delta\lambda$ in seiner richtigen Form in ein RAM (Random Access Memory) speichert, aus dem ich das Programm jederzeit abrufen kann, ohne den Speicherinhalt zu beseitigen. So kann ich $\Delta\lambda$ gleich für die Besteckrechnung nach vergrößerter Breite Φ übernehmen, falls sie nötig sein sollte. Die Vorrechnung geht so schnell, daß sie nicht stört. Andererseits wird Besteckrechnung mit Φ nur selten gebraucht.

102 Zweite Besteckrechnung mit Φ

Das Verfahren wird NICHT angewendet, wenn $\Delta\varphi < 5°$.

Am Äquator ist ein Längengrad ziemlich genau gleich einem Breitengrad - jedenfalls für den Nautiker. Die Breitengrade behalten in der Natur praktisch gleiche Abstände vom Äquator bis zu den Polen, aber weil alle Meridiane Großkreise durch den Pol sind, vermindern sich die Meridianabstände zu den Polen hin stetig von $1' \triangleq 1$ sm am Äquator zu $1' \triangleq 0$ sm an den Polen (→ 0.301).
Damit das Äquatorverhältnis $\varphi/\lambda \approx 1$ in der Seekarte erhalten bleibt – und damit die Winkeltreue der Karte –, muß wegen der parallel gezeichneten Meridiane der Abstand der Breitenparallele immer größer werden. Abb 1.10 a ist eine in Kartenskizzen für die Standlinieneintragung bei astronomi-

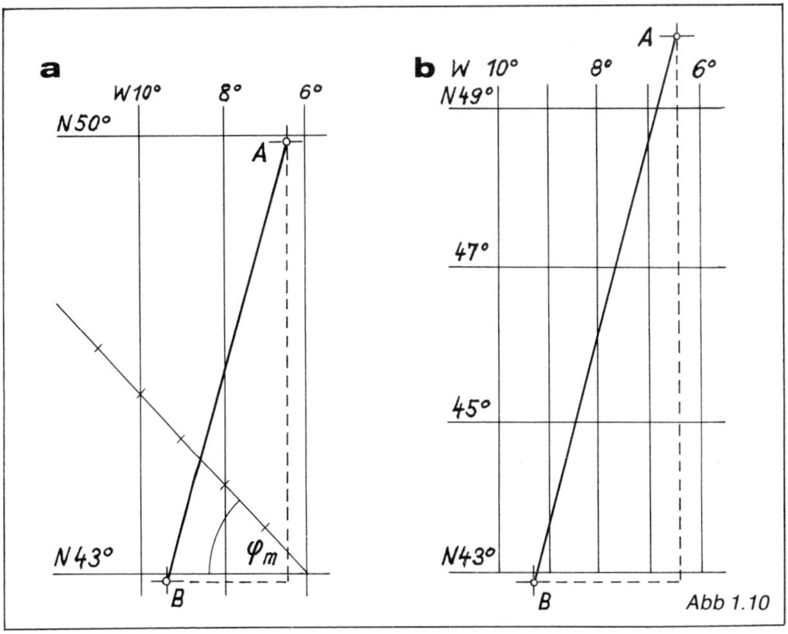

Abb 1.10

scher Navigation beliebte Methode mit der die Breitenabstände konstant gehalten, und die Längengrade mit der im Breitenmaß geteilten, unter dem Winkel φ_m ansteigenden Hilfsgeraden die Meridianabstände ins rechte Verhältnis zu den Breitenabständen zu bringen: $l = f(\cos \varphi_m)$. Das geht freilich immer nur für einen begrenzten Kartenausschnitt.
Abb 1.10 b zeigt denselben Fall in der üblichen Darstellung der Seekarte mit vergrößerter Breite. Beide Darstellungen sind winkeltreu, aber nur die rechte ist für größere Karten zeichnerisch praktikabel.
Nur Karten, auf denen der Äquator zu sehen ist, haben vom Äquator aus gezählte Breiten in Meridionaleinheiten. Sonst werden die Breitenparallele nach Meridionalteilunterschieden zum untersten Breitengrad der Karte gezeichnet. Die Meridionalteil-Tabellen in den deutschen Tafeln sind auf Kugel bezogen, was gut genug ist. Die nordamerikanischen sind auf Clarkes Sphäroid von 1866 bezogen, wie auch die Karten der Hydrographen in Washington, DC.
Wer einen Rechner hat, braucht keine Tabellen aufzuschlagen.

$$\Phi = a \ln \tan (45° + \varphi/2) \qquad (21)$$

Darin ist a der Radius des Erdäquators, der sich berechnet aus

$$a = \frac{360 \cdot 60}{2\pi} \approx 3437{,}75 \text{ sm} \qquad (22)$$

Es wird bei der Besteckrechnung nach vergrößerter Breite mit der Längendifferenz $\lambda_2 - \lambda_1$ wie schon gehabt gerechnet und mit der Meridionalteildifferenz für die beteiligten Breiten; um das beides gleich in Bogenlängen (Radians) zu übersetzen, ist in der folgenden Gleichung für die Ausrechnung des Kurswinkels noch enthalten $\pi/180 = 0{,}0175$, der Arcus für 1′.

$$\tan \kappa = \frac{\pi\,(\lambda_2 - \lambda_1)}{180\,[\ln \tan (45° + \varphi_2/2) - \ln \tan (45° + \varphi_1/2)]} = \frac{y}{x} \qquad (23)$$

Die angehängte Gleichung y/x ist für Rechner gedacht, die rechteckige Koordinaten in Polarkoordinaten umwandeln können; der Bruch wird nicht ausgerechnet, sondern sein Nenner als Y-Koordinate eingegeben (sie liegt für nautische Lösungen mit Rechnern waagerecht, →0.02). Die Koordinatenwandlung rechnet κ fertig aus, nicht als Tangens. Die Länge r der mit Gl (23) berechneten Polarkoordinate eliminiere man, sie ist zu nichts brauchbar.

Die Distanz errechnet sich aus

$$d = \frac{60\,\Delta\varphi}{\cos\kappa}$$

Kontrollbeispiel:

Die im Beispiel zu 1.101 mit φ_m durchgeführte Rechnung Bishop Rock – Cabo Finisterre ergibt mit vergrößerter Breite berechnet $\kappa = 195{,}5°$ und $d = 434{,}86$ sm. Die Unterschiede sind minimal, aber diese Ergebnisse hier sind genauer. Kleine Differenzen in Prozenten können überdies erheblich sein. So beträgt die Kursdifferenz für die Strecke Bishop Rock–Simao Grande südlich der Amazonasmündung nur knapp 0,7%, aber das sind 90,75 sm daneben.

Bei kleinen Breitenunterschieden bis zu 30′ kann man sich die Bildung der Mittelbreite sparen und mit der Ablaufbreite rechnen. Die Lösung der 2. Besteckaufgabe mit der Gradtafel ist umständlich, weil man zusammenpassende Abweitung und Breitendifferenz in den Tabellenspalten suchen muß. Besser benutzt man den Rechenschieber oder Rechner. (Rechner ohne R→P siehe 0.40.) Unschlagbar im Besteckrechnen sind Rechner mit Programmträger.

103 Koppelrechnung

Das Aneinanderreihen nacheinander abgesegelter Kurse und Distanzen stellt mathematisch eine Vektorenaddition dar. Empfohlen, aber nur selten befolgt wird, in Küstennähe graphisch in der Karte zu koppeln. Es ist anschaulich und einfacher als das umständliche Koppeln mit der Gradtafel; es kann im Notfall lebenswichtig sein, wenn man eine Positionsmeldung abgeben muß.

Grundbedingung ist, daß jeder gesegelte Kurs mit Logablesung (oder Fahrt und Zeitdauer) festgehalten wird. Wird die Fahrtstufe geändert, ist dies mit der Uhrzeit der Änderung ebenfalls festzuhalten, damit der Navigator nachkoppeln kann. Die Koppelrechnung bekommt besondere Bedeutung auf Segelschiffen, die gegen den Wind aufkreuzen müssen. *Koppeln mit der Gradtafel* wird mit einer einfachen Tabelle ausgeführt, die sich *auch für einfachere, nicht programmierbare Computer* empfiehlt. Die Tabelle darf und sollte einfacher sein als in den Lehrbüchern. Es ist nicht nötig, nicht einmal ratsam, die Kurse immer in Winkel $\leqq 90°$ umzuwandeln. In der Koppeltabelle werden die Breitenänderungen nach ihrem Richtungssinn in einer (+) Nordspalte oder (−) Südspalte gesammelt; ebenso die Abweitungen in einer (+) Ostspalte oder (−) Westspalte sortiert. Dazu ein Beispiel:

Koppeltabelle

Kurs grd	Distanz sm	N′ +	S′ −	E′ +	W′ −
158	15,5		14,4	5,8	
135	33,7		23,8	23,8	
259	16,1		3,1		15,8
293	39,0	15,2			35,9
169	40,4		39,7	7,7	
	Σ	+ 15,2	− 81,0	+ 37,3	− 51,7
		⟶	+ 15,2	⟶	+ 37,3
192,3	67,4		− 65,8		− 14,4

Daraus ergibt sich nach den bekannten Formeln (→ 1.1) $\kappa = 180 + 12{,}34 = 192{,}34°$ und $d = 67{,}36'$ (≙ sm) als Generalkurs und Generaldistanz. (In der Gradtafel findet man als bestes *b*-*a*-Paar 65,5 und 13,9 für $d = 67$ oder 66,5 und 14,1 für $d = 68$; $\kappa = 192°$ für beide.)

Rechner:
Solche ohne R→P-Automatik sind umständlicher als die Gradtafel und deshalb fehlerträchtiger. Rechner mit R→P wird man anstelle der Gradtafel für oben gezeigtes Koppelschema einsetzen. Hat der Rechner (wenigstens) zwei Summier- oder Saldierspeicher, dann rechnet man +N −S über den einen und +E −W über den anderen Speicher und spart sich die Aufstellung einer Koppeltabelle. Kommt am Ende bei der Rückwandlung in Polarkoordinaten wie beim obigen Beispiel eine negative Kurszahl (−167,66) heraus, sind 360° zu dieser zu addieren.
Programmierbare Rechner beherrschen die Aufgabe selbstverständlich. Die Rechner sind während des Koppelns für andere Aufgaben – bzw. andere Programme – einsetzbar, wenn sie ein „ständiges Gedächtnis" haben, wie der HP-41C. Mit programmierten Rechnern können über die Tasten zwischendurch beliebige Rechnungen ausgeführt werden, soweit sie nicht vom Programm belegte Speicher und Register beanspruchen.

Anmerkung zum Koppeln

Da es sich hierbei nahezu immer um kleinräumige Operationen handelt wie im ausgeführten Beispiel, wird auf eine ständig aufs neue wiederholte Längendifferenzrechnung verzichtet. Erst aus Generalkurs und -distanz wird, wenn überhaupt nötig, das Koordinatenpaar für den erreichten Ort am Ende der Koppelei berechnet.

Der Strom wird am Ende als zeitgleiche Extraversegelung ($v_c \cdot t = d_c$) eingetragen.

Ein durch Koppeln gefundener Schiffsort wird in unserer Praxis mit einem kleinen Querstrich zur Kurslinie, der Uhrzeit und, falls zur Klarheit dienlich, mit „Giß" bezeichnet (im Gegensatz zu „Fix" für einen genau bestimmten Schiffsort). Es bleibt natürlich jedem unbenommen, „O_k" (O_b) zu schreiben.

105 Koppelfehler

Es bezeichnen:

$f_{\kappa r}$	Steuerkursfehler: Rudergänger	2...4°
	Automat	1...2°
f_{α}	Driftfehler: nach Driftkoeffizient	1°
	terr geprüft	2°
	geschätzt	3°
f_d	Distanzfehler nach Fahrt · Zeit	3...5 %
	nach Fahrtmesser	1...3 %
f_{vs}	Fahrtfehler des Schiffslogs $\triangleq f_d$	
f_{κ}	Kursfehler durchs Wasser $= \sqrt{f_{\kappa r}{}^2 + f_{\alpha}{}^2}$	
$f_{c\kappa}$	Kursfehler durch Strom 20...30 grd	
f_{cv}	Fahrtfehler durch Strom 0,2...0,5 kn	
t	Fahrzeit/h	

Die Formel für den Gesamtfehlerradius gebe ich ohne Ableitung und Beweis (→[4]).

$$\rho_e = t\sqrt{\left(\frac{v_s \cdot f_{\kappa}}{60}\right)^2 + f_{vs}{}^2 + \left(\frac{v_c \cdot f_{c\kappa}}{60}\right)^2 + f_{cv}{}^2}$$

(Statt 60 unterm Bruchstrich müßte es genau eigentlich 57,3 = arc 1° oder 1 rad heißen.)

Werden mehrere Kurse gelaufen, dann ändern sich auch die mittleren quadratischen Fehler, aus denen der Gesamtfehler dann ist:

$$\Sigma\rho = \sqrt{\rho_1^2 + \rho_2^2 + \rho_3^2 + \rho_4^2 + \ldots + \rho_n{}^2}$$

Fehlerkreisradien sind nach [4] in Prozent der versegelten Distanz:

Ohne Abdrift und Strom	2 %
Mit Abdrift	3 %
Mit Stromversetzung	4...7* %
Mit Abdrift + Versetzung	5...8* %

*) Für Stromgeschwindigkeit 1...2 kn.

Koppelfehler vermindern:

Möglichst hohe Fahrt laufen.
Gieren des Schiffs nicht mit harter Ruderlage korrigieren.
Möglichst selten die Fahrtstufe ändern.
Kleine und wenige Kursänderungen.
Exakte Zeitmessung und -kontrolle.
Rudergänger oder Steuerautomat öfters beobachten.

Großkreis, kürzeste Entfernung 1.2

(→ 0.2 und Abb 1.2)
Der kürzeste Weg ist nicht auch der schnellste; entscheidender ist meist die Großwetterlage.
Die grundsätzliche Lösung wird hier vorgestellt, ohne sie im einzelnen zu erklären. *Scheitellänge* und *Scheitelbreite* sind angegeben, weil die Berufsschiffahrt oft statt eines Großkreises Loxodromen zu diesem Punkt und von ihm weg zum Zielhafen fährt, was einige Meilen spart.

Es bedeuten:

A	Kurswinkel am Abfahrtort
B	Kurswinkel am Zielort
φ_A	Breite des Abfahrtortes
λ_A	Länge des Abfahrtortes
φ_B	Breite des Zielortes
λ_B	Länge des Zielortes
φ_v	Scheitelbreite (v = vertex)
λ_v	Längenunterschied Abfahrt → Scheitel
P	Nordpol
M	Meridianwinkel am Pol = $\Delta\lambda$
d	Distanz, Länge der Orthodrome/grd (× 60 = sm)
κ	Kurs

Im Dreieck ABP (Abb. 1.2) sind bekannt:

$PA = 90° - \varphi_1$ (Co-Abfahrtbreite)
$PB = 90° - \varphi_2$ (Co-Zielbreite)
$M = \Delta\lambda$ (Winkel am Pol)

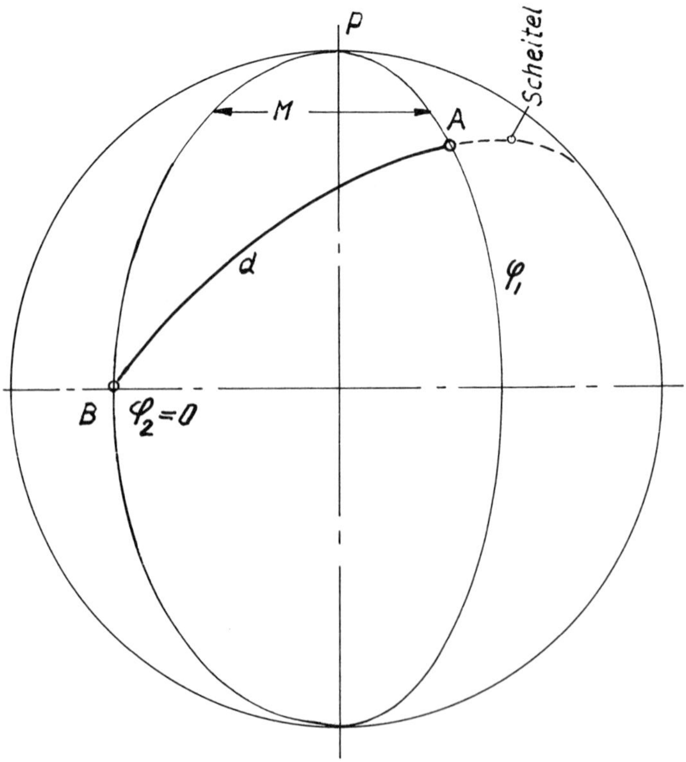

Abb 1.2

220 *Berechnung der Distanz*

Aus den gegebenen Größen berechnet sich die Distanz d nach dem Seitencosinussatz. [In der folgenden Gleichung ist bereits berücksichtigt, daß $\cos(90 - \alpha) = \sin \alpha$ ist.]

$$\cos d = \sin\varphi_A \sin\varphi_B + \cos\varphi_A \cos\varphi_B \cos\Delta\lambda$$

arccos d ergibt die Distanz in Grad, Multiplikation mit 60 ergibt sie in Seemeilen.
Diese Formel ist so simpel, daß man sie auch auf dem Rechenschieber mit ausreichender Genauigkeit rechnen kann – überhaupt genügt ein Rechenschieber von 25 cm Teilungslänge für alle Großkreisrechnungen. Liegen A und B auf verschiedenen Seiten des Äquators, dann ist die Gruppe $(\sin\varphi_A \cdot \sin\varphi_B)$ negativ einzusetzen, was Rechenmaschinen zwar automatisch besorgen, wenn Südbreiten negativ eingegeben werden.

221 *Abfahrt- und Ankunftkurs*

Man mache es sich zur bequemen Regel, immer zuerst die Distanz auszurechnen, denn dann hat man es mit einfacheren Formeln für die *Kurswinkel* zu tun. Die Sache ist etwas schwierig bei den folgenden, sehr kurzen sin-Formeln:

$$\sin A = \frac{\sin \Delta\lambda}{\sin d} \cdot \cos \varphi_B$$

$$\sin B = \frac{\sin \Delta\lambda}{\sin d} \cdot \cos \varphi_A$$

Die sin-Formel ergibt immer einen spitzen Winkel, also ein viertelkreisiges Ergebnis, bei dem Zweifel darüber entstehen können, ob der Winkel der Kurs ist oder nur sein Komplement zu 180°, wenn sich die Werte 90° nähern.

Orientierungsregel für sin-Formel

Geht die Fahrt nach Osten ($\Delta\lambda$ positiv):

$A = \kappa$ wenn Zielbreite nördlicher als Startbreite
$\kappa = 180 - A$ wenn Ziel-φ südlicher als Start-φ.

Geht die Fahrt nach Westen ($\Delta\lambda$ negativ):

$\kappa = 360 - A$ wenn Ziel-φ nördlicher als Start-φ
$\kappa = 180 + A$ wenn Ziel-φ südlicher als Start-φ.

Cosinus-Kurswinkelformel

Dies ist die sicherste Formel gegen Fehler, denn sie stimmt für Nord- und Südbreiten und auch für Großkreisrechnungen über den Äquator:

$$\cos A = \frac{\sin \varphi_B - \sin \varphi_A \cos d}{\cos \varphi_A \sin d}$$

Diese Formel gibt den Kurswinkel halbkreisig.

Orientierungsregel für cos-Formel

Geht die Fahrt nach Osten ($\Delta\lambda$ pos) ist $A = \kappa$,
geht die Fahrt nach West ($\Delta\lambda$ neg) ist $\kappa = 360 - A$.

Die Berechnung von B nach dieser Formel ist etwas umständlicher, weil man die bisherigen Endkoordinaten nun als Anfangskoordinaten einsetzen muß, d h für $\Delta\lambda$ ist nur das Vorzeichen umzukehren. Man wird aber auch kaum Fehler machen, wenn man B nach dem sin-Satz ausrechnet, nachdem man A mit dem cos-Satz gefunden hat.

222 Scheitelbreite

Formelzeichen: φ_v

$$\cos \varphi_v = \sin A \cos \varphi_A$$

Hierbei spielt es keine Rolle, ob man den Kurs oder den Kurswinkel nimmt, denn $\sin A = \sin(180 - A)$. Ist der Kurs*winkel* am Anfang oder Ende $>90°$, dann liegt der Scheitel außerhalb des Schiffsweges A nach B, und zwar bei $A > 90°$ näher an φ_A und bei $A < 90°$ näher an φ_B. Überdies gilt $\varphi_v \geqq \varphi_A$ und $\varphi_v \geqq \varphi_B$ im Absolutbetrag. Liegen Ablauf- und Bestimmungsort auf verschiedenen Seiten des Äquators, dann schneidet die Großkreiskurslinie den Äquator in einem Winkel, der gleich der Scheitelbreite ist; in demselben Punkt schneidet auch die Loxodrome zwischen diesen Örtern den Äquator.

223 Scheitellängenabstand

Formelzeichen: $\Delta\lambda_v$

$$\sin \Delta\lambda_v = \frac{\cos A}{\sin \varphi_v}$$

Das ist der Längenunterschied zwischen Scheitel und Abfahrtort.
Die Großkreisentfernung d_v vom Ablaufort bis zum Scheitel kann berechnet werden aus

$$\sin d_v = \cos \varphi_A \sin \Delta\lambda_v$$

224 Großkreisabschnitte

Scheitellängenabstand $\Delta\lambda_v$ und Scheitelentfernung d_v zum nähergelegenen Scheitel sind nie größer als 90°. Wenn aber φ_A und φ_B unterschiedliche Vorzeichen haben, kann es unter Umständen günstiger sein, den 180° entfernten Scheitel zu nehmen, wenn er näher an der Mitte des Weges liegt. Bei Schritten gleicher Länge $\Delta\lambda_x$, die von der Scheitellänge aus gerechnet werden, berechnet sich die Scheitelbreite zu

$$\varphi_x = \arctan(\cos \Delta\lambda_x \tan \varphi_v)$$

λ_x ist natürlich gleich $\lambda_v \pm \Delta\lambda_x$, wobei aber zu beachten ist, daß $\Delta\lambda_x$ immer

wieder vom Scheitel aus gerechnet werden muß; hat man Schritte von 8° gewählt, dann ist das erste $\Delta\lambda_x = 8°$, das zweite 16° usw.
Bei dieser Methode sind die Ersatz- oder Annäherungsloxodromen in den kleineren Breiten länger als in den höheren Breiten – die übliche Software für die besseren Taschenrechner. Will man die nötigen Kursänderungen nach jeweils gleichen Distanzen (versegelten Zeiten) vornehmen, dann rechnet man – wiederum vom Scheitel aus:

$$\varphi_x = \arcsin(\sin\varphi_v \cos d_{vx})$$
$$\Delta\lambda_x = \arcsin(\sin d_{vx} / \cos\varphi_x)$$

Die Kurse für die Loxodromschritte müssen dann noch jeweils gekoppelt werden – siehe 1. Besteckrechnung.

225 Anmerkungen zur Großkreissegelei

In einem englischen Manuskript zu einem Buch für Segler wurde recht ausführlich die Großkreissegelei gelobt, aber der Autor hatte in diesem Zusammenhang immer von „gnomischen" Karten geschrieben. Ich wies bei den Korrekturen die britischen Verleger darauf hin, daß dies „gnomonisch" heißen müsse und mit Gnomen nichts zu tun habe; machte dabei aber gleichzeitig auf die Überstrapazierung dieses Themas aufmerksam, denn auf einem Großkreis von Bishop Rock streng bis Barbados gesegelt spart man gegenüber dem Loxodromkurs nur um die 30 sm, was nur so um die 1% liegt. Errol Bruce antwortete mir, diese 30 Meilen könnten aber eine Regatta entscheiden. Er war nicht der Autor des Gnoms, aber er zählt zu der Sorte Segler, der nicht zu helfen und nicht zu raten ist.
Die Handelsmarine fährt meist eine Loxodrome zum berechneten Scheitelpunkt und dann eine weitere zum Ziel. Liegt der Scheitel im Eisberg- oder Packeisgebiet, stumpft sie ab oder weicht sogar äquatorwärts von der direkten Loxodrome ab.
Die Software der beiden Rechnerfabrikanten TI und HP zum Thema Großkreisnavigation ist ein Programm von formidabler Länge mit Schleifen und Subroutinen und Anzeigenausgaben in meist zu kurzer Anzeigezeit. Das

ist aber ein gutes Mittel zur Probe, ob Genauigkeit lohnt. Die Großkreisdistanz Yokohama (N 34-50 E 139-53) Los Angeles (N 37-42 W 123-04) ist 4462 sm, und nach Fulst' Nautischer Tafel 6 sind dazu 68 Kursänderungen nötig. H. Albrecht zeigte im „Seewart" 3/1978, daß es drei optimierte Loxodromkurse auch tun, doch braucht man dazu sein Nomogramm. Die Rechenprogramme zeigen, daß man nicht viel schlechter liegt als optimal, wenn man die Längendifferenz in drei gleichmäßige Schritte unterteilt, Kurs/sm: Albrecht: 64/1518 – 84/1115 – 106/1429 – 120/422: 4484 sm Rechner: 65/1623 – 88/1329 – 112/1537 – am Ziel: 4489 sm 68 Schritte zur Einsparung von 22 bzw 27 sm? Natürlich lohnt es sich auch nicht, zehnmal den Kurs zu ändern. Rechner sind schon eine feine Sache.

Nach Japan über den Nordpol?

So wurde einmal von Luftfahrtgesellschaften für den Flug von Hamburg nach Tokyo geworben. Start φ_A = N 53°, E 10°; Landung φ_B = N 36°, E 140°, $\Delta\lambda = +130°$. Der Abflugkurs nach cos-Formel wäre 39°, die Distanz 81° ≙ 4860 sm, die Scheitelbreite N 68°, und die Scheitellänge $\lambda_v = 10 + 67{,}6° = 77{,}6°$ (Ost, weil positiv). Das geht nicht über den Pol, sondern über Nord-Rußland, und der Weg über den Pol ist nur der kürzeste Weg um die UdSSR herum.

Der logische Weg um Kap Hoorn

Das müßte ja wohl ein Großkreiskurs sein, dessen Scheitelpunkt beim Kap Hoorn liegt, also S 57° und W 68°. Das muß von West nach Ost segelnd etwa beim Tuamotu-Archipel losgehen und an Luandas Küste südlich von S. Paulo de Luanda enden. Sie können es aber auch mit Abfahrt und Bestimmung auf dem Äquator rechnen. Nur wenn Sie das mit den hier genannten Formeln (oder dem Großkreisprogramm für Ihren feinen Taschenrechner) berechnen wollen, kommen Sie einfach nicht ums Kap Hoorn herum, sondern Sie bekommen einen Weg, der über Südamerika und die Anden führt.

Das liegt daran, daß die Großkreisformeln alle auf die Merkatorkarte bezogen sind, in der sich Großkreise als Sinuskurven darstellen, und die Rechenprogramme suchen sich die Kurve mit der kleinsten Amplitude (Scheitelbreite) aus.
Abhilfe: Man nimmt einen Punkt in sicherer Entfernung südlich des Kap Hoorn als Bestimmungsort und 90° Länge westlich oder östlich vom Meridian des Kaps als den Ablaufort auf dem Äquator. Man braucht nur diesen Ast zu rechnen; der andere ist spiegelbildlich.

1.3 Relative Bewegungen

Relative Bewegungen sind solche, die vom eigenen, fahrenden Schiff aus beobachtet werden. So scheint eine tatsächlich fest verankerte Tonne vor dem Landhintergrund nach rechts zu fahren, wenn das darauf zufahrende Boot durch Strom nach Bb versetzt wird, und ein anderes Schiff, mit dem man auf Kollisionskurs läuft, scheint sich auf einer geraden Linie auf das eigene Schiff zuzubewegen.

Kollisionskurs

1.3

300 Wegerecht

Kommt ein Schiff im Seitenpeilungssektor von recht voraus bis Stb etwas achterlicher als querab auf einem kreuzenden Kurs näher, so hat es Wegerecht und muß Kurs und Geschwindigkeit konstant halten. Das ist die Regel für Maschinenschiffe, die sich begegnen, und diese Regel hat einige Ausnahmen, die in den Regeln 7 bis 17 der SeeStrO (neue Fassung) sorgfältig nachgelesen werden müssen.

Wichtig: Ein „vorfahrtberechtigtes“ Schiff an Stb kann durchaus so aussehen, als laufe es Parallelkurs. Ist bei genauerem Hinsehen ein Teil der vorderen Brückenfenster des Schiffs zu sehen, dann liegt das Schiff jedoch auf kreuzendem Kurs.

Wichtig: Ein Überholer muß auch einer Yacht ausweichen, soweit es sich nicht um die Begegnung mit einem auf die tiefe Fahrrinne angewiesenen Schiff in einem Fahrwasser handelt.

MERKE: Wenn man überholt wird, Kurs NICHT ändern! Allenfalls Fahrt mindern.

301 Merksätze aus der SeeStrO

(1) Im Zweifel ist anzunehmen, daß eine Gefahrlage besteht, und entsprechend ist zu handeln.

(2) Jedes Manöver ist *deutlich* für den anderen auszuführen. Das heißt, **keine allmählichen** Änderungen von Kurs und Geschwindigkeit!

(3) Passieren in sicherem Abstand.

(4) Fahre als Kurshalteschiff („Vorfahrtberechtigter") **im Manöver des letzten Augenblicks keine Kursänderung nach Bb,** wenn der Regelverletzer noch an Bb-Seite gepeilt wird.

(5) Nicht vor dem Bug eines Kurshalters seinen Kurs kreuzen.

302 Nahbereich

Als Nahbereich gilt in der Großschiffahrt eine Distanz von etwa 3 sm. Schwerfällige Schiffe, wie Großtanker und Bulkfrachter brauchen mehr Raum, um ihre Entscheidungen rechtzeitig treffen zu können: 5...6 sm.

Stoppwege der Frachtschiffe [9]:

1 000 BRT, L	62 m,	11 kn,	> 10 min,	VR 350 m,	1,5 min
2 400 BRT, L	105 m,	15 kn,	31 min,	VR 1030 m,	3,5 min

6300 BRT,	L 155 m,	18 kn,	> 30 min,	VR 1550 m,	6,0 min
11 000 BRT,	L 166 m,	14 kn,	? min,	VR 2000 m,	7,8 min
45 000 BRT,	L 250 m,	15 kn,	> 60 min,	VR 4100 m,	12,5 min
85 000 BRT,	L 300 m,	16 kn,	? min,	VR 3000 m,	12,0 min*

* Das Schiff von 200 000 tdw (Tragfähigkeit) hat Dampfturbinen; nach Abschalten des Dampfes für die Vorausturbine kann sofort Dampf auf die Rückwärtsturbine gegeben werden. Das geht schneller als das Umsteuern einer Dieselmaschine, bei der gewartet werden muß, bis die Drehzahl auf 30/min abgeklungen ist. Beim Notumsteuern des großen Schiffsdiesels muß der Ingenieur immer mit schweren Wärmeschäden an der Maschine rechnen. Verständlich, daß er zögern wird, sein Schiff durch ein Brutalmanöver in Seenot zu bringen.

Schiffe, die mit VR (voll rückwärts) abstoppen, laufen wegen des Seitenlaufeffekts des Propellers in etwa dem letzten Drittel des Stoppwegs gewaltig aus dem Kurs und kommen nach einem Ausbruch von 400...700 m, je nach Größe ihrer Masse, quer zu ihrem ursprünglichen Kurs, manchmal auch noch 45° mehr, schon halb auf Gegenkurs zum Stehen. Besonders gefährlich sind die noch zahlreichen Schiffe mit linksgängigem Propeller, weil sie beim Aufstoppen nach Bb ausbrechen.

Daher fürs Radar die Nahbereich-Beobachtungsregel:
Bereicheinstellung bei großer Verkehrsdichte 12 sm.

303 Peilung steht!

Dieser Warnruf besagt, daß sich die Seitenpeilung oder (empfehlenswerter, weil genauer) die Kompaßpeilung eines anderen Schiffs nicht oder nicht wesentlich ändert. Es ist das erste Kriterium zu einer Kollisionslage. Das zweite, in der Nacht vor allem bei kleinen Schiffen mit nur einem Dampferlicht und Seglern mit nur Seitenlichtern nur schwer abschätzbare Kriterium ist das Näherkommen des anderen Schiffs.

Die Peilung steht auch bei Parallelfahrern mit gleicher Geschwindigkeit und kann selbst bei ablaufenden Schiffen stehen. Aber „Peilung steht" bedeutet, daß man sich darum kümmern muß.

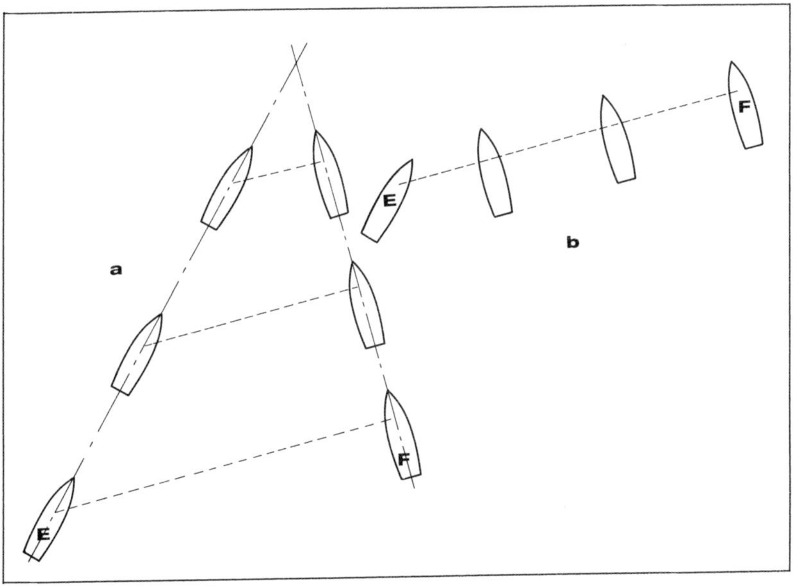

Abb 1.300
Weg/Zeit-Bild eines Kollisionskurses. E eigenes, F fremdes Boot. Die Peilung von F steht. Auch F sieht E in unveränderter Peilung. E erscheint es jedoch, als komme F auf ihn querfahrend zu, wie in b dargestellt. Wie man sieht, ist die Annäherungsgeschwindigkeit konstant. E ist ausweichpflichtig, denn F ist langsamer, also kein Überholer.

Abb 1.300 zeigt eine solche Lage als Weg-Zeit-Bild (a) und aus der Sicht des eigenen Bootes (E), dem es erscheint, als bewege sich das fremde Boot (F) auf dem Peilstrahl auf einen zu (b).
Selbstverständlich sieht das fremde Boot uns ebenfalls mit einer konstanten, um 180° verschiedenen Peilzahl „auf sich zukommen".
So klar uns die Lage aus der Abbildung ist, so klar ist sie den beiden Beteiligten nicht, solange sie kein Mittel haben, die relative Annäherungsgeschwindigkeit zueinander zu messen. Ohne eine solche Möglichkeit ist weder graphisch noch mathematisch eine Kenntnis über Kurs und

Geschwindigkeit des fremden Bootes zu gewinnen; also auch nicht über den theoretischen Zeitpunkt der Kollision und die Entfernung bis dahin. *Nochmal:* Besonders *nachts* ist das *schwierig.**

Es gibt jedoch einen Anhalt dafür, wann der Nahbereich erreicht worden ist: Die Bugwelle wird über der Kimm sichtbar, und die Kimm ist rund $2{,}1\sqrt{h_a}$ (h_a = Augeshöhe in Metern) Seemeilen entfernt – rund 3 sm für die Augeshöhe der meisten Segler und Klein-Motorskipper.

*504 Radarspinne***

In allen hier gezeigten Lagen ist die Schirmbild- gleich Spinnenmitte der eigene Schiffsort, wie beim Kleinschiffradar üblich. Der Vorausstrahl zeigt die Fahrtrichtung des Schiffs. Fremde Objekte, stehende oder bewegte, stellt das Radar mit Seitenpeilung und Entfernung dar. Denkt man sich an den Vorausstrahl den Kompaßkurs κ_r angelegt, dann gibt dieser mit der Seitenpeilung σ addiert die Kompaßpeilung des Radarobjekts. Eine Gradteilung um den Bildschirm und ein drehbares Peillineal erleichtern diese Rechnung.

$$\text{Kompaßpeilung } P_k = \kappa_r + \sigma$$

Ein bewegtes Objekt erscheint auf dem Radarbild als mehr oder minder große Leuchtmarke (im Weitbereich machen auch große Schiffe nur einen Punkt), die sich im Maßstab des eingestellten Bereichs relativ zum „ruhenden" Schiff in der Bildmitte bewegt – Neulinge am Radar werden dadurch zu allerlei Fehlschlüssen verleitet, besonders wenn sie das Gerät nur bei Nacht und Nebel anschalten und deshalb nicht lernen, Radarbild und Wirklichkeit zu vergleichen.

Abb 1.301 zeigt ein nach einem Radarbild ausgewertetes Plotting (Skizze einer Lageentwicklung). Der eigene Kurs sei 270°; man kann ihn sich als

* Mit der Zeit und den Meilen im Logbuch gewinnt man ein Gefühl dafür, aber es dauert länger als im Straßenverkehr, wo die Umgebung Bezüge zum Schätzen der Fahrt des anderen gibt.
** Ich empfehle die Anschaffung eines Vollkreiswinkelmessers, etwa Aristo 1512/5.

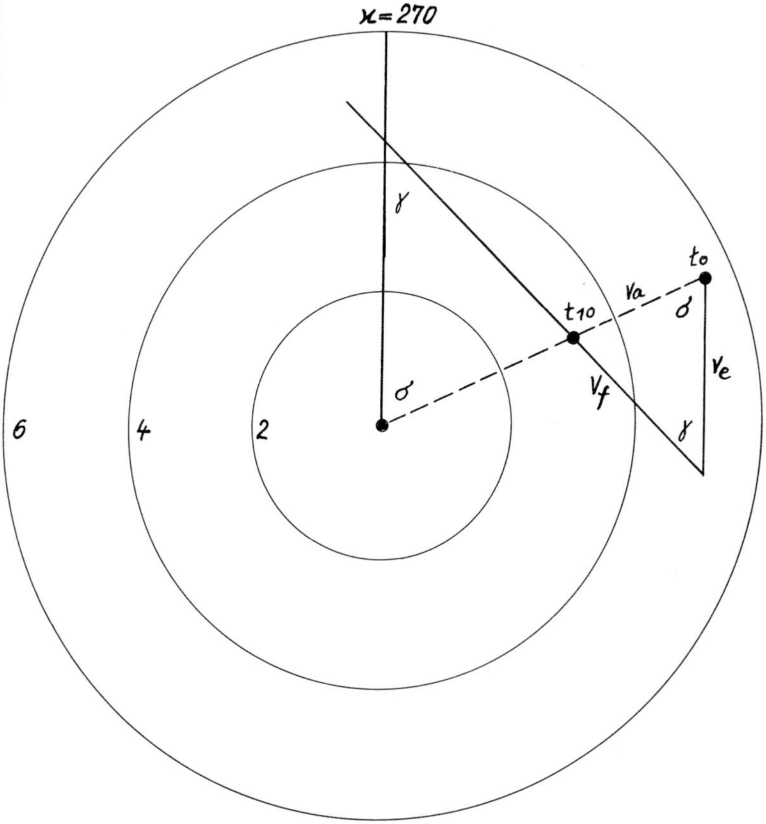

Abb 1.301

am Vorausstrich anliegende Kompaßzahl vorstellen.* Zur Zeit t_0 taucht nahe dem Rand Stb voraus ein Objekt (Echo) auf. Wir drehen das Peillineal auf diesen Punkt, um ihn weiter zu beobachten. Nach 10 min *(t_{10})* liegt das Echo immer noch unterm Peilstrich und ist nähergekommen; die Peilung steht. An den Abstandsringen ist zu erkennen, daß das Objekt in den 10 min 2,3 sm nähergekommen ist.

Bekannt sind:

Eigene Fahrt $V_e = 18$ kn $\triangleq$ 3 sm/10 min
Annäherungsgeschwindigkeit $V_a = 2{,}3$ sm/10 min
Seitenpeilung $\sigma = 65{,}5°$

Gesucht werden:

Kollisionswinkel γ
Fremdkurs $\kappa_f = \kappa_e - \gamma$
Fahrt des anderen V_f
Entfernung zum Kollisionspunkt ab Zeit t_{10}
Kollisionszeit

Zeichnerisch:

Trage in t_0 am Objekt die eigene Fahrtstrecke für 10 min parallel zum Vorausstrich **nach rückwärts** an (V_e). Ziehe vom Endpunkt eine Gerade durch das Echo zur Zeit t_{10}; dies ist der Kurs des anderen, der unseren Kurs (Vorausstrich) mit dem Kollisionswinkel γ im Kollisionspunkt schneidet. Anhand der Abstandsringe ist zu erkennen, daß zur Zeit t_{10} der Kollisionspunkt 4,3 sm voraus liegt. Vom eigenen Schiff (Mitte) bis zum Echo sind es zu dieser Zeit noch 3,3 sm, die bei einer Annäherungsgeschwindigkeit von 2,3 sm/10 min in 14 min 21 s „aufgebraucht" sind. Der Kurs des anderen ist (mit unserer Fehlweisung!)
$\kappa_f = 270 - 45 = 225°$.

* Nur Großschiffradar mit Kreiselanschluß zeigt auch den Kurs an.

Mit dem Rechner:

Nun zeigt sich, wofür wir vorne die sture Formelsammlung gebracht haben (→0.041). Wir haben es mit einem Dreieck zu tun, in dem ein Winkel und die beiden anliegenden Seiten gegeben sind (Lösungsschema a, b, C), nämlich σ, V_e und V_a (σ: Winkel beim Schnitt paralleler Geraden; ebenso für γ). Die Formeln lauten:

$$\tan \gamma = \frac{V_a \sin \sigma}{V_e - V_a \cos \sigma} \quad \text{Kollisionswinkel}$$

$$V_f = \frac{V_a \sin \sigma}{\sin \gamma} \quad \text{Fahrt des anderen}$$

Das ist schnell ausgerechnet. Hat man die Napierschen Formeln programmiert, dauert es nur Sekunden. Der Rechner macht's auch genauer, was hier freilich keine praktische Bedeutung hat: $\gamma = 45{,}65°$ und $V_f = 2{,}93$ sm/10 min ≙ 17,56 kn.

Gegenkommer?

Abb 1.302 zeigt auf dem Radarschirm ein Objekt, das scheinbar sehr spitz von Stb voraus auf uns zukommt. Die V_a ist 4 sm/20 min ≙ 12 kn. Unsere V_e ist 18 kn, das macht 6 sm/20 min. Die Seitenpeilung steht bei $\sigma = 22°$. Ausrechnen mag sich das jeder selbst. Hier gilt es zu erkennen, daß uns in Wirklichkeit keiner entgegenkommt, sondern daß wir im Begriff sind, den anderen schneidend zu überholen. Eingestellt ist „12/3", wie das auf den meisten Geräten bezeichnet ist und im Klartext heißt: 12-sm-Bereich, Ringabstände 3 sm.

Objekt läuft klar

Abb 1.303 zeigt, wie sich ein Nichtkollisionsfall auf dem Radarbild entwikkelt. σ ändert sich in 10 min 38 . . . 25 grd, wobei das Echo auf 4 sm herange-

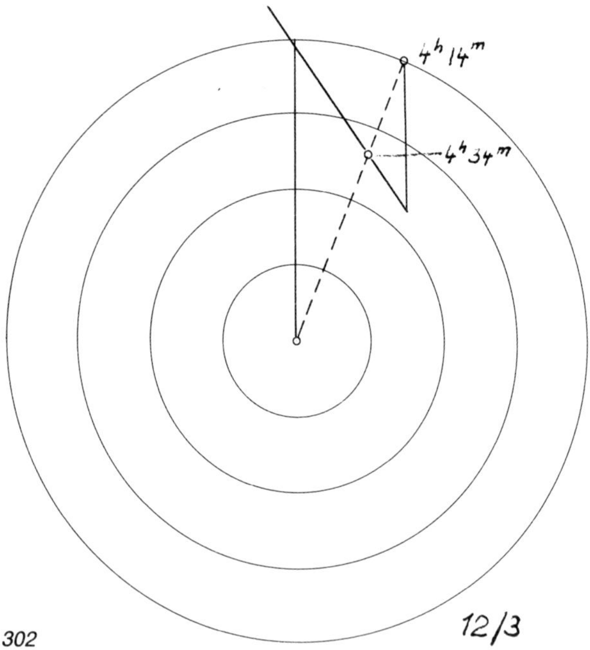

Abb 1.302

kommen ist. Mit dem Maßstab können wir im Plotting abmessen, daß der andere unseren Kurs (Vorausstrich) in 2,8 sm Abstand schneiden wird und uns in einem geringsten Abstand (d_{min}) von 2,5 sm passieren wird, nämlich gleich der Länge des vom eigenen Schiffsort (Mitte) auf den *scheinbaren* Kurs des anderen gefällten Lotes.

Mit dem Rechner?

Das Schema nach 0.041 wäre A, b, c; A in diesem Falle $\sigma_1 - \sigma_2 = 13°$, die Seite a = 2 sm (Annäherung in 10 min) und die Seite b = 5,7 sm (der vom

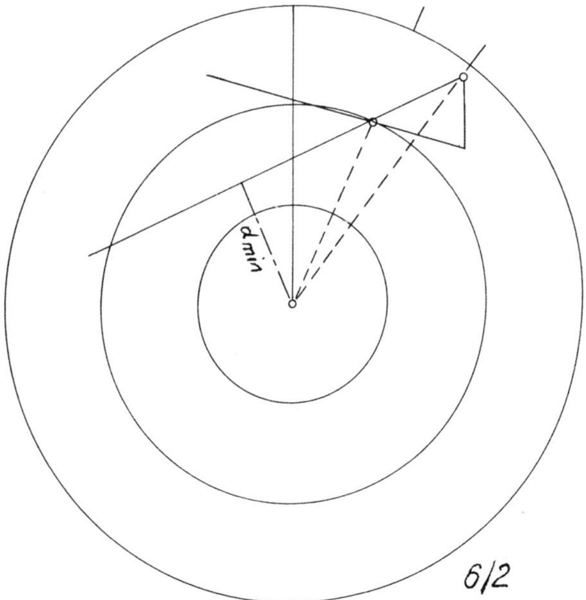

Abb 1.303

Radar zuerst gemessene Abstand). Weil b > a ist, gibt es zwei Lösungen, aber die Rechenmaschine rechnet von sich aus nur die mit dem spitzen Winkel aus; für die andere Lösung, die hier in Frage kommt, muß man dem Rechner helfen: $B_{stumpf} = 180 - B_{spitz}$. Das ist zu umständlich. Aber es gibt ja auch drei bekannte Seiten: die beiden Abstände, dazwischen den eingeschlossenen Winkel $\Delta\sigma$ (daraus könnte man V_a berechnen, wenn man's nicht aus der Zeichnung nimmt) und V_a. Und das ist noch nicht alles. Schauen Sie Abb 1.303 an und suchen Sie mal selber mit Hilfe der Lösungs-

gänge (0.041) nach dem besten Weg für Computer. Es kann sein, daß Sie dabei zu der Ansicht kommen, daß Plotten gelegentlich schneller, vor allem aber auch anschaulicher ist. Freilich braucht man dazu einen Block Papier mit aufgedruckten Koppel- oder Radarspinnen.
(Ausführliche Formelgänge findet man in meinem Buch „Radar auf Yachten".)
In der Radarfahrt und -kommunikation ist es besonders wichtig, ein Ausweichmanöver rechtzeitig und besonders deutlich zu fahren – je langsamer man selber ist, um so deutlicher muß die Kursänderung sein.

Keine Kursänderung zum Ausweichen kleiner als 60°!

Denken Sie immer daran, daß sich alle Bewegungen auf dem Bildschirm des Radars stark verkleinert, die Geschwindigkeiten maßstäblich verlangsamt darstellen. Wenn Sie als Segler mit 6 kn einem in 3 sm Distanz mit 18 kn gegenkommenden Frachtschiff nur mit 10° Kursänderung ausweichen, dann wandert Ihr Echopip auf dessen Radarschirm nur mit maßstäblich verkleinerten 1,04 kn seitlich aus; deutlicher: 1,04 sm/h.
Das Frachtschiff wird einen Radarschirm von 60 cm Durchmesser und den 12-sm-Bereich eingestellt haben; so stellt sich auf ihm 1 sm als Strecke von 2,5 cm dar. Mithin kriecht Ihre Ausweichgeschwindigkeit theoretisch auf seinem Radarbild mit einer Geschwindigkeit von 1,04 · 2,5 cm/h seitlich von seiner Kurslinie weg. Nicht nur zeitlich hat es da lange vorher gekracht, sondern auch deshalb, weil er gar nicht erkennen kann, daß Sie überhaupt Kurs geändert haben, denn Ihr Echo kriecht auf seinem Bildschirm in einer Minute ja nicht mehr zur Seite als 0,4 mm. Wenn Sie 60° Kurs geändert hätten, wären es auch nur 22 mm/min. Also machen Sie besser Fliege mit 90° aus dem Weg, sobald nachts zwei Dampferlichter recht voraus über der Kimm erschienen sind, denn schnelle Kümos haben nur halb so große Radarschirme.

Treffpunktnavigation 1.31

Hierbei handelt es sich um die willentliche Festlegung eines Kollisionskurses zwischen zwei Schiffen über meist größere Distanz. Es sind Aufgabenstellungen wie: Ein Bergungsschlepper läuft aus, um einen mit Strom und Wind treibenden Havaristen zu treffen. Zwei Yachten verabreden über Funk ein Zusammentreffen. Ein Zollkreuzer will ein Schmuggelboot abfangen.

310 Übliches Verfahren

Die Aufgabe wurde bislang nur graphisch gelöst; so:

1) Standort des anderen Schiffs eintragen: A.
2) Von A Peilung zum eigenen Schiff (C) eintragen.
3) Kurs und Fahrt des anderen Schiffs abtragen nach B.
4) Mit der eigenen Fahrt als Radius einen Kreisbogen um B schlagen, der A(C) in C schneidet; CB ist der zu steuernde Kurs; die Länge des Stücks AC entspricht der Annäherungsgeschwindigkeit.

1. Beispiel (→ Abb 1.31)

Ein Schiff in Position A treibt wegen Maschinenschaden mit 3 kn ENE (67,5°). Als der Bergungsschlepper ausläuft, peilt der Havarist in 70 sm Abstand vom Hafen 030°. Der Schlepper macht 8 kn Fahrt.
Der Geschwindigkeitsplan zeigt, daß der Schlepper Kurs 043 fahren muß und eine Annäherungsgeschwindigkeit von 5,4 kn hat. Die Zeit bis zum Treff errechnet sich aus anfänglicher Distanz durch Annäherungsgeschwindigkeit

$$\frac{70 \text{ sm}}{5{,}4 \text{ kn}} = 12{,}96 \text{ h} = 12 \text{ h } 57 \text{ min.}$$

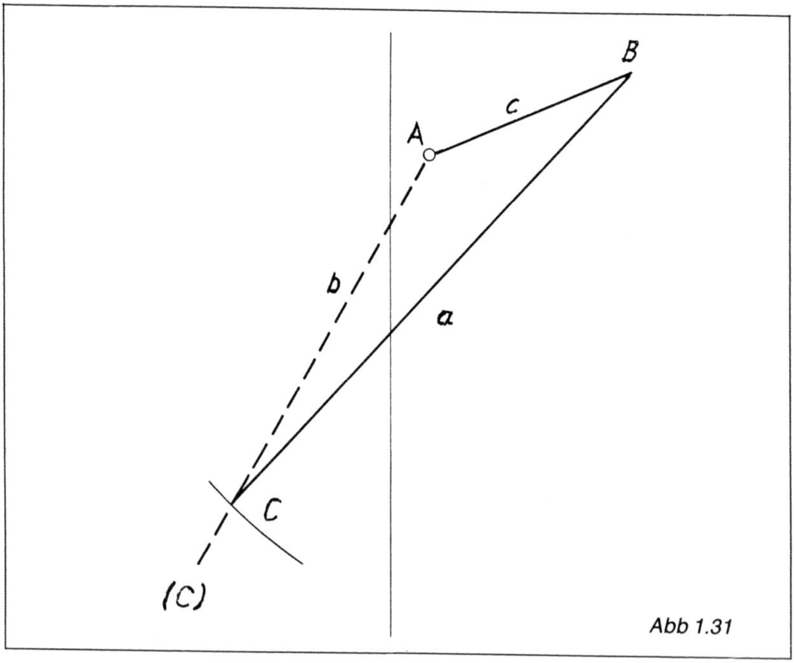

Abb 1.31

Mit dem Rechner:

Winkel *A* ergibt sich aus umgekehrter Peilung zum Havaristen (180 + 030 = 210) minus Kurs des Havaristen 067,5.

Gegeben:	$A = 142{,}5°$	Gesucht:	C (daraus Kurs)
	$a = 8$ kn		b
	$c = 3$ kn		Fahrzeit

Schema nach 0.041: *a*, *b*, *A* (umgestellt *c* statt *b*)

$$\sin C = \frac{c \sin A}{a} = \frac{3 \sin 142{,}5°}{8} = 0{,}23;\ C = 13{,}2°$$

$$\text{Kurs} = \text{Peilg} + C = 30° + 13{,}2° = 43{,}2°$$

$$B = 180° - (A + C) = 24{,}3°$$

$$b = \frac{c \sin B}{\sin C} = \frac{3 \sin 24{,}3°}{\sin 13{,}2°} = 5{,}41 \text{ kn}$$

$$\text{Fahrzeit} = \frac{70 \text{ sm}}{5{,}41 \text{ kn}} = 12{,}94 \text{ h} = 12 \text{ h } 56 \text{ min}$$

2. Beispiel

Schiff A steht auf Position N 40° 15′ W 15° 30′
Schiff B steht auf Position N 40° 53′ W 15° 00′
Sie verabreden einen Treff auf Position N 39° W 20° 00′, zu dem A als langsameres Schiff mit seiner Marschfahrt von 14 kn dampfen wird. B als das schnellere Schiff (bis 20 kn) soll sich so einrichten, daß beide zur gleichen Zeit auf der neuen Position eintreffen.
Diese Aufgabe löst man am besten mit der Besteckrechnung, d h durch Verwandlung der cartesischen Koordinaten (x für Breitenänderung, y für Abweitungsänderung), → Abschn 0.4.

Abfahrt	A: N40–15	W15–30	B: N40–53	W15–00
Ziel	N39–05	W20–00	N39–05	W20–00
Unterschied	– 1–10	– 4–30	– 01–48	– 05–00
x/sm	– 70	cos 40	– 108	cos 40
		· 270′		· 300′
y/sm		–206,8		–229,8

Distanz $d = \sqrt{x^2 + y^2}$

$d_A = 218{,}33$ sm, $d_B = 253{,}91$ sm

Kurswinkel $\kappa = \arctan (y/x)$

$$\begin{array}{lrr} & \kappa_A = \; 71{,}30° & \kappa_B = \; 64{,}83° \\ & 180{,}00°+ & 180{,}00°+ \\ \hline \text{Kurs} = & 251{,}30° & 244{,}83° \end{array}$$

Schiff A braucht an Zeit $\frac{218{,}33 \text{ sm}}{14 \text{ kn}} = 15{,}6 \text{ h} = 15 \text{ h } 35 \text{ min}$

Schiff B muß fahren $\frac{253{,}91 \text{ sm}}{15{,}6 \text{ h}} = 16{,}38 \text{ kn}.$

Dasselbe mit einem programmierten Rechner nach mittlerer Breite ausgerechnet, hat für A ergeben $d = 219{,}31$ sm, $\kappa = 251{,}39°$ und für B $d = 253{,}98$ sm, $\kappa = 244{,}83°$. Man sieht, daß der Fehler durch die kleine, aber praktische und zeitsparende Schlamperei, die mittlere Breite bei so geringen Breitenänderungen zu ignorieren, nur einen kleinen Fehler macht. Das gilt auch für hohe Breiten (Island, Beringstraße).

Überholen

1.32

In der Schiffahrt wird gewöhnlich mit konstanter Geschwindigkeit überholt. Der Überholweg s_u setzt sich zusammen aus dem Einholweg s_e und dem Grundweg s_g, den das überholte Schiff in der Überholzeit t_u zurücklegt.

Der *Einholweg* (Abb. 1.32) ist gleich der Summe der beiden Schiffslängen $l_1 + l_2$ plus der Summe zweier Sicherheitsabstände $d_1 + d_2$. Üblich ist $d_1 \approx l_1$ und $d_2 \approx l_2$; beides ist etwas knapp, aber vor allem sollte d_2 beim Einscheren vor Seeschiffen nicht kürzer genommen werden, weil ein kleines Schiff dabei im toten Sichtwinkel vor dem Bug des Überholten verschwindet. Zur überschläglichen Berechnung kann man also setzen:

Einholweg $s_e \approx 2\,(l_1 + l_2)$

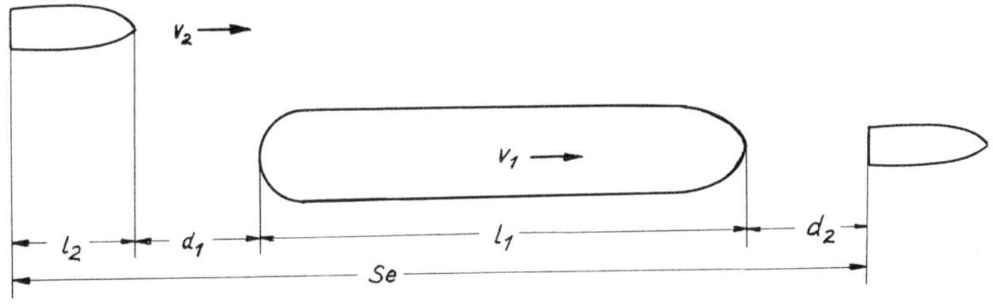

320 Überholen mit konstanter Fahrt

s_e/m Einholweg, s_u/m Überholweg, t_u/s Überholzeit, v_1/m s^{-1} Fahrt des langsamen Schiffs, v/m s^{-1} Fahrt des Überholers.

Überholweg $$s_u = \frac{s_e\, v_2}{v_2 - v_1} \qquad (1)$$

Überholzeit $$t_u = s_u / v_2 \qquad (2)$$

321 Überholen mit Beschleunigung

Den Beschleunigungsfaktor a (Acceleration) stellt man einmal mit Stoppuhr und Fahrtmesser aus dem Stand beschleunigend auf Marsch- oder Höchstfahrt v/m s^{-1} fest:

Beschleunigungsfaktor $a = v/t$ [m s^{-2}]

Dies ist zwar eine mittlere Beschleunigung, doch sie ist für die Rechnungen in der Praxis ausreichend genau.
Der Überholvorgang läuft meist so ab: Der Überholer fährt wegen eines Gegenkommers mit der Fahrt des zu überholenden Schiffes hinterher, setzt dann beschleunigend zum Überholen an, wobei die Höchstfahrt erreicht wird, bevor das Überholen abgeschlossen ist.

Der 1. Abschnitt besteht aus dem Beschleunigungsweg s_a/m, der ein Teil des Einholwegs s_e ist. Das erste Stück des Überholwegs ist die Summe des Beschleunigungswegs und des Grundwegs $s_g = t_a\,v_1$, worin t_a die Beschleunigungszeit ist.
Der 2. Abschnitt besteht aus einem Überholen mit konstanter Fahrt über den Rest des Einholwegs s_e'.

1. Abschnitt – Beschleunigung

Beschleunigung	$s_a = (v_2 - v_1)^2/a$	(3)
Beschleunigungszeit	$t_a = 2s_a/(v_2 + v_1)$	(4)
Resteinholweg	$s_e' = s_e - s_a$	(5)
Überholweg 1. Teil	$s_{u1} = s_a + (t_a\,v_1)$	(6)

Die Formeln (3, 4 und 6) sind selbstverständlich von einem sehr schnellen Schiff anzuwenden, das den ganzen Überholvorgang beschleunigend durchfahren kann.

2. Abschnitt – konstante Fahrt

Überholweg 2. Teil $s_{u2} = \dfrac{s_e'\,v_2}{v_2 - v_1}$

Überholzeit 2. Teil $t_{u2} = s_{u2}/v_2$

Resultat

Überholweg $= s_u = s_{u1} + s_{u2}$

Überholzeit $= t_a + t_{u2}$

322 Beispiel mit Beschleunigung

Eine Motoryacht, $l_2 = 17$ m lang, $v_2 = 5{,}91$ m/s ($\triangleq$ 11,5 kn) schnell, wartet in etwa einer eigenen Länge Abstand hinter einem Massengutfrachter von $l_1 \approx 200$ m, der im engen Fahrwasser vorsichtig mit $v_1 = 2{,}06$ m/s ($\triangleq$ 4 kn) fährt, darauf überholen zu können. Die Yacht hat einen Beschleunigungsfaktor von 0,2 m/s^2. Nachdem der Überholweg frei geworden ist, schiebt der Skipper die Gashebel voll nach vorn, und die Yacht nimmt aus 2,06 m/s Fahrt auf. In einer Frachterlänge vor dem Frachter soll der Einholweg beendet sein, also die Überholung beendet. $s_e = 2\ (l_1 + l_2) = 434$ m.

Frage: Wie lang ist der Überholweg, und wie lange dauert es, bis die Überholung vollendet ist?

1. Abschnitt:

Formel (3) $s_a = (5{,}91 - 2{,}06)^2/0{,}2 = 74{,}11$ m
Formel (4) $t_a = 148{,}22/(5{,}91 + 2{,}06) = 18{,}6$ s
Formel (6) $s_{u1} = 74{,}11 + (18{,}6 \cdot 2{,}06) = 112{,}42$ m

2. Abschnitt:

Resteinholweg $s_e' = 434 - 74{,}11 = 359{,}89$ m (5)

Formel (1) $$s_{u2} = \frac{359{,}89 \cdot 5{,}91}{5{,}91 - 2{,}06} = 552{,}45 \text{ m}$$

Formel (2) t_{u2} $552{,}45 : 5{,}91 = 93{,}48$ s

Resultat

Überholweg $s_u = s_{u1} + s_{u2} = 664{,}87$ m
Überholzeit $t_u = t_a + t_{u2} = 112{,}08$ s = 1 min 52 s.

Mechanische Addition von Strecken 1.4

Wie weit ist der Weg um die Halbinsel (Abb 1.4) oder durch ein gewundenes Fahrwasser? Dafür gibt es einen mechanischen Trick mit dem Zirkel, den Sie am besten mit dem Zirkel in Abb 1.4 nachvollziehen. Nehmen Sie zuerst den ersten Kurs von A aus in den Zirkel. Heben Sie sodann die auf A stehende Zirkelspitze an und schwenken Sie um 1, bis sie etwa in der Flucht 1–2 steht. Dort setzen Sie die hintere, soeben bewegte Spitze ein und öffnen nun den Zirkel mit dem vorderen Bein bis Punkt 2. Um 2 schlagen Sie dann mit dem hinteren Zirkelbein wieder einen Bogen bis in die Flucht 2–3 und öffnen nach der vorher beschriebenen Weise den Zirkel

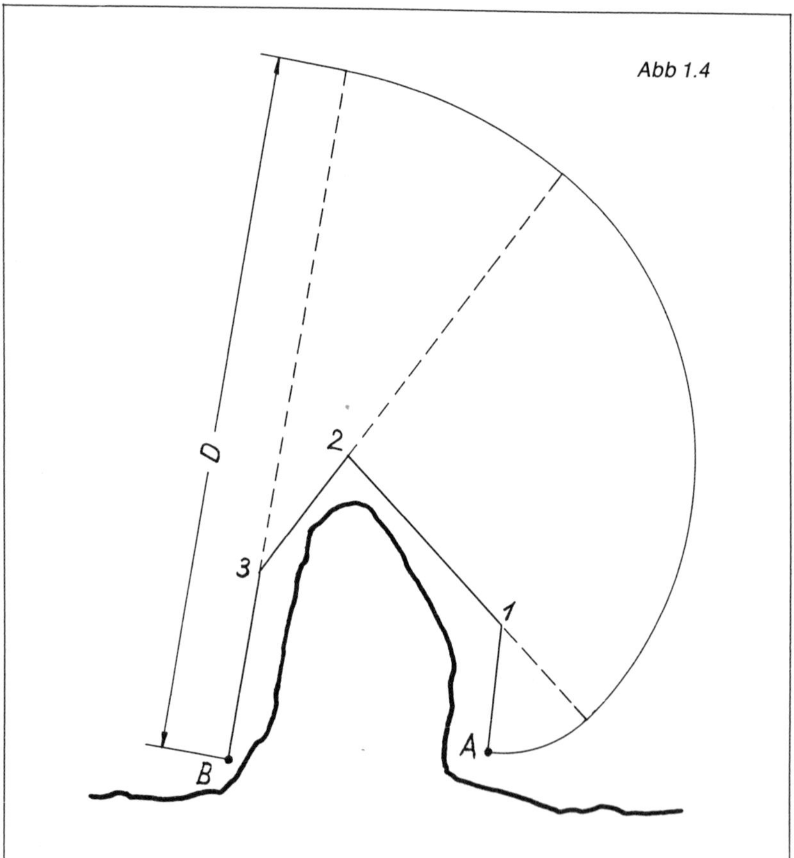

weiter bis Punkt 3. Nochmal dieselbe Prozedur bis zum Punkt B, und die ganze Zirkelöffnung stellt nun die Länge des Wegs *D* um die Halbinsel dar. Immer hinteres Zirkelbein auf neuen Kurs, dann vorderes Zirkelbein bis zum nächsten Wendepunkt. Das Verfahren ist auch auf Stadtplänen praktisch, wenn man den kürzesten Schleichweg zur Fahrt ins Büro sucht.

2 TERRESTRISCHE NAVIGATION

Die mit der Fahrt durch das Wasser und also auch der Kursbestimmung zusammenhängenden mathematischen und technischen Probleme sind im Kapitel 1 „In Fahrt“ behandelt und werden hier nicht wiederholt.

2.0 Statische Ortsbestimmung

Als solche ist zu verstehen die Bestimmung eines wahren Schiffsortes (Fix) bei ruhigliegendem Schiff oder ganz langsamer Fahrt durch praktisch zeitgleiche Festlegung von mindestens zwei Standlinien, die – nach Zuverlässigkeit der Methode geordnet - durch Winkelmessung mit dem Sextanten, Kompaßpeilung oder Seitenpeilung (→ auch 1.055 und 1.3) gewonnen werden.

Seitenpeilungen auf kleinen Schiffen sind sehr unzuverlässig. Radar als zuverlässigste Methode wird im Abschnitt 2.4 behandelt.

Fix durch Doppelwinkel (Pothenot) 2.00

Mit dem Sextant werden die Horizontalwinkel zwischen drei in der Karte verzeichneten ortsfesten Land- oder Seezeichen gemessen, → Abb 2.000.

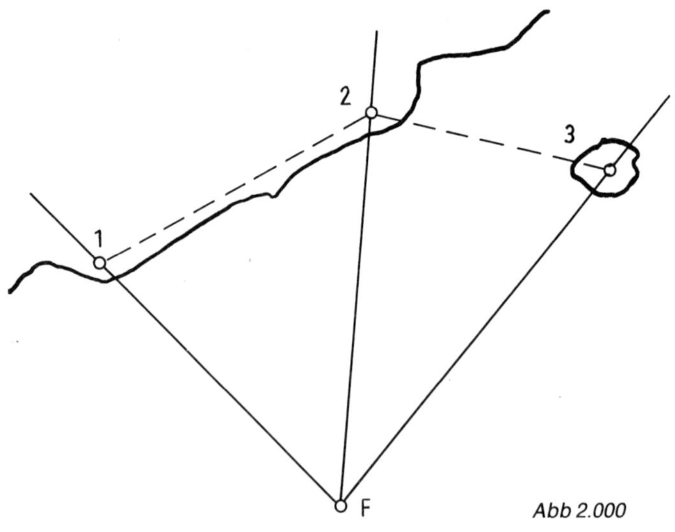

Abb 2.000

Merke: Bilde die Summe der beiden Sextantwinkel plus dem Winkel zwischen den Verbindungslinien der beiden Außenmarken mit der Mittelmarke. Je näher diese Summe an 90° oder 270° kommt, um so günstiger liegen die Landmarken für die Ortsbestimmung. Ungünstig bis unbrauchbar wird die Methode, wenn besagte Winkelsumme sich 180° oder 360° nähert; bei $\Sigma = 180°$ liegen alle drei Objekte und das Schiff auf einem Kreis, und bei $\Sigma = 360°$ wäre das Mittelobjekt identisch mit dem Schiffsort.

000 Zeichnerische Lösung mit Hilfsmittel

Zeichne eine Gerade auf Transparentpapier und trage von ihr die beiden Sextantwinkel mit gemeinsamem Scheitel nach links bzw. rechts ab. Entsprechend kann ein *Doppelwinkelmesser* (Dreischenkeltransporteur) eingestellt werden. Papier oder Transporteur werden auf der Karte so verschoben, daß von den drei Schenkeln jeder die ihm zugehörige Marke berührt. Der gemeinsame Scheitel ist der Schiffsort.

001 Zirkelkonstruktion

Verbinde die Marken durch Geraden (Abb 2.001). Trage das Komplement (90 − α) des jeweiligen Horizontalwinkels α an den zugehörigen Marken an und bringe die Schenkel zum Schnitt, der Mittelpunkt eines Kreises ist. Schnittpunkt der beiden Kreise ist der Schiffsort (Fix). (Es ist nur der rechte Horizontalwinkel eingezeichnet.)

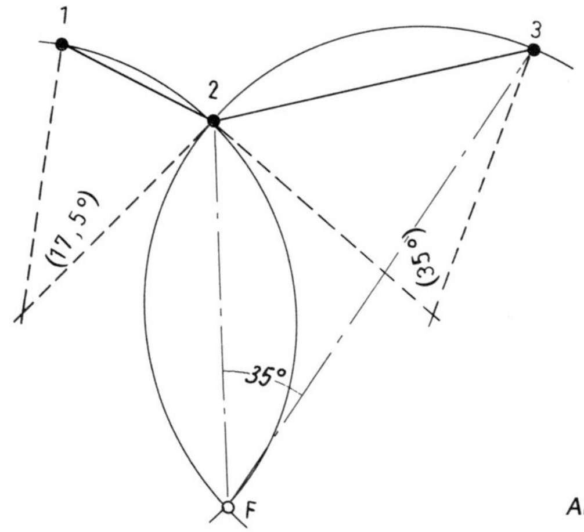

Abb 2.001

002 Rechnerlösung (nach H. Albrecht)

Für nicht programmierbare Rechner und solche ohne Dauerprogrammspeicher (Magnetkarten oder -bänder und Moduln) empfiehlt sich die Lösung nach Abb. 2.002 mit folgenden Formeln:

$$r_1 = d_1/(2 \sin\alpha_1)$$
$$r_2 = d_2/(2 \sin\alpha_2)$$

Falls $\alpha > 90°$, müssen die beiden ersten Kreisbögen nach Land zu geschlagen werden.

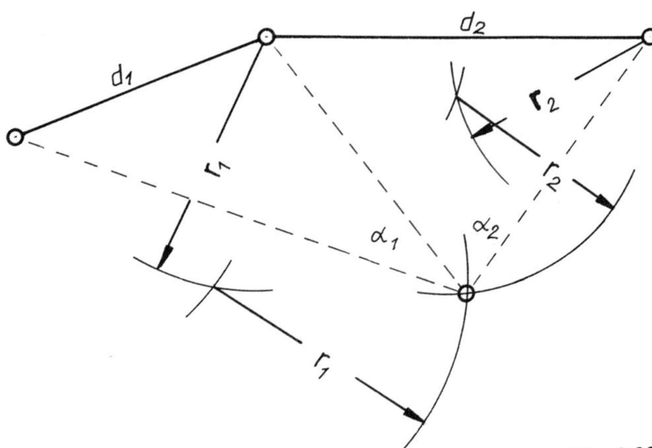

Abb 2.002

Programmierbare Rechner sind nach folgenden Formeln und Entscheidungen zu programmieren, wobei die Größen τ, σ, γ und x und die beiden kleinen Radien $r_{1...2}$ nur „interne" Bedeutung für den Rechengang haben. Ausgewiesen werden am Ende der Rechnung die beiden Radien R_1 und R_2 der Standkreise, deren Schnittpunkt das Fix ist; → Abb 2.003.

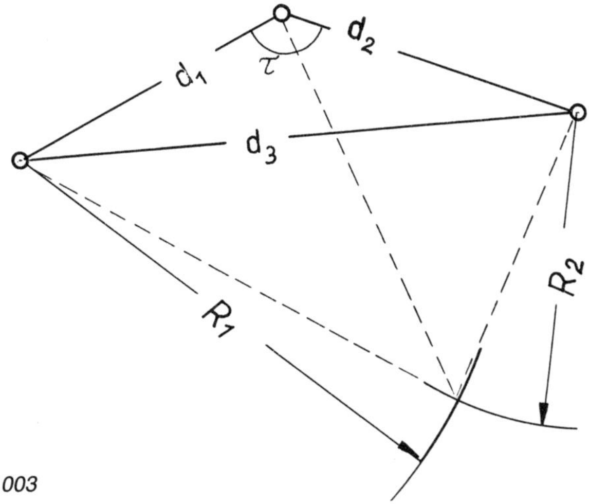

Abb 2.003

Formeln:

$$\cos\tau = \frac{d_1^2 + d_2^2 - d_3^2}{2\,d_1\,d_2}$$

$\sigma = 180 + \alpha_1 + \alpha_2 \pm \tau$

$+\tau$, wenn d_3 seewärts liegt

$-\tau$, wenn d_3 landwärts liegt

$r_1 = d_1/(2\sin\alpha_1)$; $r_2 = d_2/(2\sin\alpha_2)$

$$x = \sqrt{r_1^2 + r_2^2 - 2\,r_1\,r_2\cos\sigma}$$

$$\cos\gamma_1 = \frac{r_1^2 + x^2 - r_2^2}{2\,r_1\,x}$$

$$\cos\gamma_2 = \frac{r_2^2 + x^2 - r_1^2}{2\,r_2\,x}$$

Wenn τ negativ bzw. $180 - (\alpha_1 + \alpha_2) < \tau$:

$R_1 = 2\,r_1\ \sin(\alpha_1 + \gamma_1)$

$R_2 = 2\,r_2\ \sin(\alpha_2 + \gamma_2)$

Wenn $180 - (\alpha_1 + \alpha_2) > \tau$:

$R_1 = 2\,r_1\ \sin(\gamma_1 - \alpha_1)$

$R_2 = 2\,r_2\ \sin(\gamma_2 - \alpha_2)$

Peilungen

2.01

Warnungen:

Möglichst keine Seitenpeilungen, denn jede Kursabweichung verfälscht mit vollem Betrag den Horizontalwinkel. Besonders bei Serienpeilungen (2...3 hintereinander) Kompaßpeilungen vorziehen, weil dann geringe Kursabweichungen kaum etwas ausmachen. Zu Peilungen mit dem Handkompaß darf keine Brille mit Stahlrahmen getragen werden, denn sie lenkt den Kompaß beträchtlich ab – bis 10° wurden gemessen! Handpeilkompasse werden auch vom Schiff abgelenkt, deshalb sind solche Peilungen mit großer Vorsicht zu beurteilen.

010 Kreuzpeilung

Durch Rechnung mit dem Computer läßt sich eine Kreuzpeilung so vereinfachen, daß man nur den ersten Peilstrahl *c* zum linken Objekt zu ziehen braucht; seine Länge ist berechnet und liefert das Fix. Es müssen jedoch Abstand *a* und Orientierung ω der Verbindungsstrecke der Marken B und C aus der Karte festgestellt werden, → Abb 2.010, die den Zusammenhang erklärt.
Bekannt sind Winkel $A = (P_2 - P_1)$, Winkel $C = (P_2 - \omega)$* und Seite *a*, die Entfernung $\overline{BC}$ der Objekte voneinander. Gesucht wird *c*, die Entfernung des Schiffs (A) vom Objekt B auf dem ersten Peilstrahl. Formel:

$$c = \frac{a \sin (P_2 - \omega)}{\sin (P_2 - P_1)} \quad \text{(Sinussatz} \rightarrow \text{0.041)}$$

Wichtig ist, daß auch ω von C aus vollkreisig eingesetzt ist. Nicht wichtig ist, welche Winkelgrößen herauskommen oder ob *c* positiv oder negativ ausgewiesen wird.

---

* Gleiche Winkel an Parallelen, die von einer dritten Geraden geschnitten werden – Stufenwinkel sind gleich.

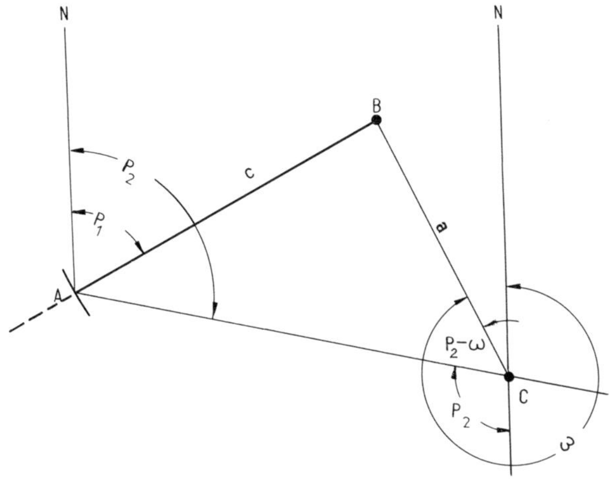

Abb 2.010

Nach folgender Formel werden die Längen der beiden Peilstrahlen d_1 und d_2 ausgerechnet, so daß man den Schiffsort durch zwei Zirkelschläge um die Objekte B und C findet. (Bezeichnungen wie in Abb 2.010)

$$d_1 = \frac{a \sin (P_2 - \omega)}{\sin (P_2 - P_1)} \quad \text{Radius um B}$$

$$d_2 = \frac{a \sin (P_1 - \omega)}{\sin (P_2 - P_1)} \quad \text{Radius um C}$$

Näheres Objekt zuerst peilen.

Einen Vorteil gegenüber der herkömmlichen Zeichnung bietet die Formel nur bei Rechnern, denen die Aufgabe als festes Programm eingefüttert werden kann, denn das Abgreifen der Strecke *a* nach Länge und Kurs macht zusätzliche Arbeit, die vom Rechner überholt werden muß. Sie können mit dem Zentimetermaß messen, rechnen und zeichnen.

011 Peilung und Horizontalwinkel

Anzuwenden, wenn von zwei Landmarken nur eine über den Kompaß anpeilbar ist. Trage an den Peilstrahl *P* den mit dem Sextant gemessenen Horizontalwinkel *α* an und verschiebe dessen freien Schenkel parallel bis er durch die andere Landmarke geht. Dies ergibt das Fix auf dem Peilstrahl. → Abb 2.011.

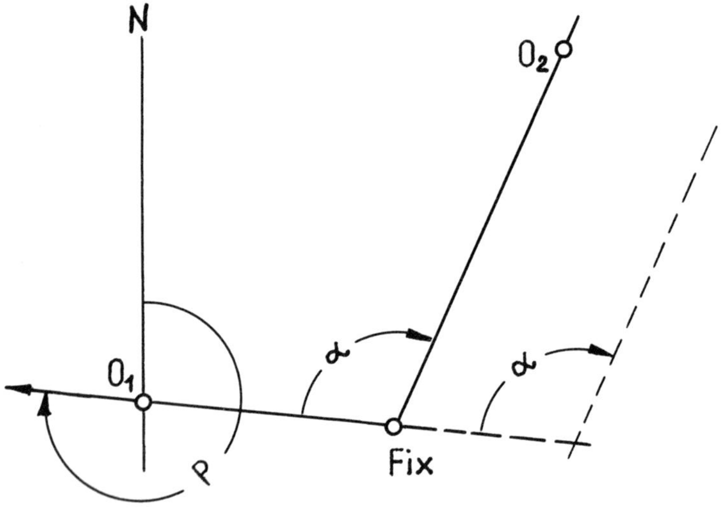

Abb 2.011

012 Peilung und Höhenwinkel

Höhenwinkel mit dem Sextant messen, dabei die Lampe in die Strandlinie setzen. Formel für den Abstand d auf dem Peilstrahl:

$$d = 1{,}86 \cdot \frac{\text{Objekthöhe/m}}{\text{Winkelminuten}} \; {}^{*}$$

$$d = 0{,}57 \cdot \frac{\text{Objekthöhe/ft}}{\text{Winkelminuten}}$$

Die Objekthöhe (aus dem Leuchtfeuerverzeichnis) ist auf mittleres Hochwasser, in tidenfreien Gewässern auf NN bezogen. Nur in engen Durchfahrten wird Niedrigwasser berücksichtigt, d h die Turmhöhe entsprechend größer eingesetzt. → 2.2.

Warnungen:

Höhenwinkel $< 10'$ sind nicht brauchbar, weil ein Meßfehler von $1'$ Abstandsfehler bis zu 1 sm ergeben kann. Beachte 2.2.

013 Peilung Feuer in der Kimm

Die geographische Sichtweite im Leuchtfeuerverzeichnis und bei den Feuern in der Karte ist für 5 m Augeshöhe (h) des Beobachters berechnet. Formel für andere h (H/m Feuerhöhe):

$$d/\text{sm} = 2{,}075 \left(\sqrt{H/\text{m}} + \sqrt{h/\text{m}}\right)$$

Peilungen weittragender Feuer geben, wie alle Peilungen auf große Distanz, keine zuverlässige Standlinie.

* Wem 13/7 lieber sind als 1,86, mag dabei bleiben, doch letzteres geht leichter über Rechner und Rechenschieber.

014 Horizontal- und Höhenwinkel

Wenn der Horizontalwinkel zwischen zwei Landmarken $>45°$ wird, ist das Verfahren genauer als eine Kreuzpeilung. Trage an der Verbindungsgeraden zwischen den Marken B und C mit den Marken als Ecken je einen Winkel von der Größe (90 – Horizontalwinkel) ab, deren freie Schenkel sich in M schneiden. M ist der Mittelpunkt des Kreises durch die beiden Marken und den Schiffsort (Abb 2.012). Der Höhenwinkel von einer Marke ergibt den Abstandskreis zum Fix.
Höhenwinkel siehe Abschnitt 2.2

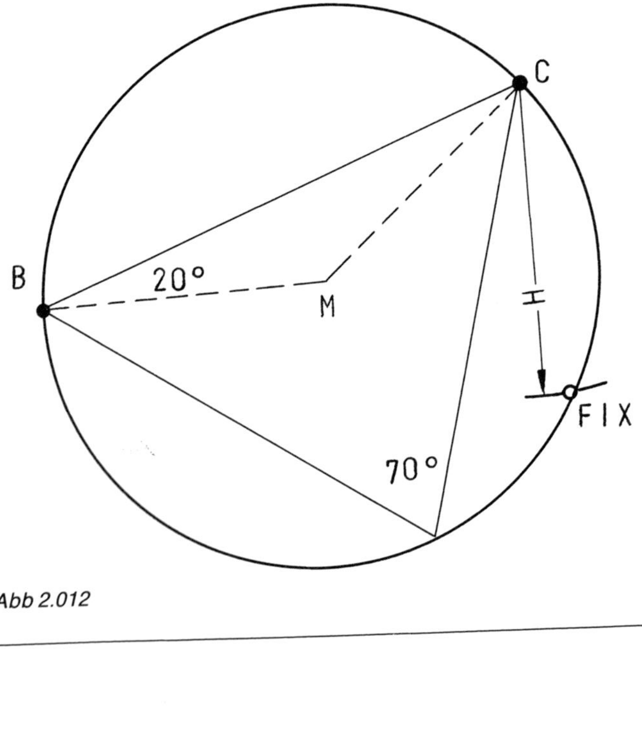

Abb 2.012

Laufende Navigation und Ortsbestimmung 2.1

Präzise Ortsbestimmung gehört in der Navigation kleiner Schiffe zu den Seltenheiten. Wichtiger ist die laufende Navigation mit Kontrolle des sicheren Abstandes von der Küste, der Vermeidung von Gefahren, die Berücksichtigung von Strom (→1.05), Wind (→1.04) und Seegang (→1.03), das laufende Koppeln (1.104) und daraus die Berechnung der voraussichtlichen Ankunftszeit an einem bestimmten Punkt, „ETA" genannt (estimated time of arrival).

100 Ankunftzeit (ETA)

Man berechne immer die voraussichtliche Ankunftzeit bei der nächsten Tonne, vor dem nächsten Kap oder Feuerschiff oder Hafen – was immer. Dies ist von *unschätzbarem Wert,* sollte man in dichtes Wetter geraten; ist die Zeit abgelaufen, kennt man so jedenfalls seine ungefähre Position. Durch ständigen Vergleich von ETA und wirklicher Ankunftzeit gewinnt man Erkenntnis über die Geschwindigkeit über Grund und weiß, wann man nach einer Tonne suchen muß, die man nicht recht voraus hochgemacht hat – sie liegt wegen falsch berücksichtigter Versetzung oft unauffällig 1...1,5 sm ab an Stb oder Bb. Zu diesem Verfahren wird dringend in Revieren mit starken Tidenströmen und zahlreichen Bänken, z B den Ansteuerungen der Dover-Straße, geraten.

101 Verdopplung der ersten Seitenpeilung

Bei der Längsfahrt an einer Küste macht man von einer Landmarke eine Seitenpeilung σ und läuft mit gleichem Kurs und konstanter Fahrt weiter, bis man die Landmarke in einem doppelt so großen Winkel 2σ peilt und liest an der Logge den zwischen den Peilungen zurückgelegten Weg s ab oder berechnet ihn aus Zeit und Fahrt. Der Abstand Schiff-Landmarke auf dem zweiten Peilstrahl ist gleich dem zwischen den Peilungen zurückgelegten Weg. → Abb 2.101.

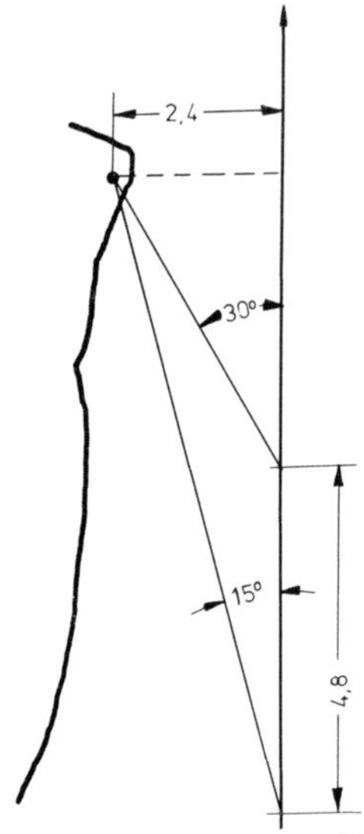

Abb 2.101

Günstige Winkel: 1. Seitenpeilung 15° oder 345°; 2. Seitenpeilung 30° oder 330° (bezogen auf vollkreisige Seitenpeilung). Der Querabstand beim Passieren der Landmarke ist dann gleich *s*/2.
Trick: Markierung dieser Winkel am Boot bezogen auf den Stand des Rudergängers. Die Genauigkeit ist in der Praxis gut bis sehr gut, weil der Rudergänger bei Deckungsnäherung von Land- und Schiffsmarke auch den Kompaßkurs auf den Sollwert bringen kann. Seine Ansage für den Log- oder Zeitnehmer: „Null" oder „Mark".
Extremfall ist die „Vierstrichpeilung", bei der die erste Seitenpeilung 45° (315°) und die zweite eine Querabpeilung ist. Der Querabstand ist dann gleich der zwischen den Peilungen zurückgelegten Strecke, aber diese Erkenntnis kommt zu spät, wenn der Querabstand wegen vor der Küste liegender Riffe zu klein ist.

Fehlermöglichkeiten:

Die Fahrt über Grund ist wegen Strom mit oder gegenan anders – in Küstenlängsfahrt selten quersetzend; beim Ansteuern von Huken nach überqueren einer Bucht jedoch erwägen (Stromatlas, Seehandbuch). Winddrift auf die Küste muß sorgfältig bedacht werden.

Mit dem Rechner:

Es kann mit beliebigen Seitenpeilwinkeln gearbeitet werden, es braucht nicht auf die Verdopplung gewartet zu werden; sie kann aber auch überschritten werden. Es gilt der Sinussatz (→ 0.041), Abb 2.102.

$$d_2 = \frac{s \sin \sigma_1}{\sin (\sigma_2 - \sigma_1)}$$

$$d_3 = d_2 \sin \sigma_2$$

$$d_1 = d_3 / \sin \sigma_1$$

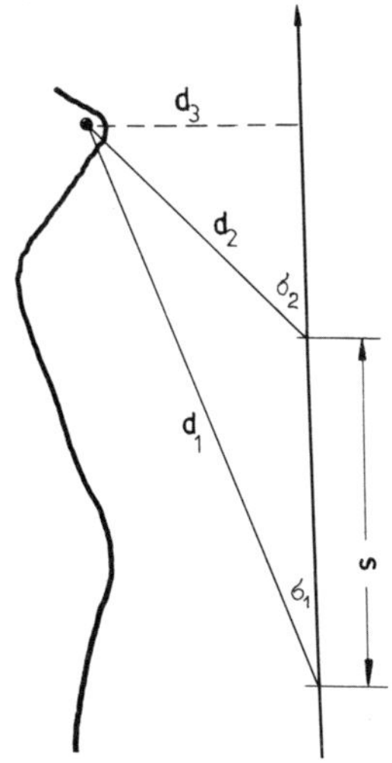

Abb 2.102

Tip:

Exakte Seitenpeilungen auf kleinen Schiffen sind, wie an verschiedenen Stellen in diesem Buch gewarnt, recht ungenau und unzuverlässig. Wo nötig und möglich wird empfohlen, die Seitenpeilungen über den Steuerkompaß zu machen. Dabei wird von der Kompaßpeilzahl gleich die im kurzen Anschluß mitbeobachtete Kompaßkurszahl abgezogen – ergibt eine Seitenpeilung, die an den Kartenkurs angetragen werden kann. Deviation und Mißweisung ändern sich auf den kurzen Wegen des messenden Geschehens nicht.

Wichtige Anmerkung:

Bei diesem Verfahren geht es nicht um Schiffsortbestimmung, sondern um Sicherheitskontrolle, um Schiffs-*Lage* in der laufenden Navigation.

102 Regel 60

Diese Faustformel dient zur frühzeitigen Kontrolle des Küsten- bzw. Passierabstandes ohne Kartenarbeit. Man nimmt eine Seitenpeilung (nicht vollkreisig, sondern spitzer Winkel $\leqq 30°$ voraus an Stb oder Bb) und muß den Abstand im Zeitpunkt dieser Peilung wissen (Feuer in der Kimm, Radarpeilung einer markanten Huk). Dann ist der Passierabstand

$$\text{Passierabstand} = \frac{\text{Seitenpeilung} \cdot \text{Distanz}}{60}$$

Ist ein Querabstand durch die Verhältnisse vorgeschrieben, so gilt für die nötige Seitenpeilung

$$\text{Seitenpeilung} = \frac{60 \cdot \text{Passierabstand}}{\text{Distanz}}$$

In beiden Formeln haben Distanz und Abstand dieselbe Dimension; gewöhnlich wird mit Seemeilen gerechnet. Genauer als der Wert 60 ist 57,3, doch *die Formel bricht zusammen, wenn der Seitenpeilwinkel größer als 30°*, Bb oder Stb, *wird.* Man verwende dann die Anweisung 2.101.

103 Regel 60 mit Radar

Abstand nach den Abstandsringen und Seitenpeilung sind mit dem Radar besonders leicht zu bestimmen; →Abb 2.103. Beispiel: Im Nebel zeigt sich 16° an Bb in 4 sm Distanz alle 4 ... 5 Antennendrehungen ein Echo, das von einer Tonne stammen kann, die man unbedingt ablesen möchte. Wird sie nahe genug passiert?

$$\text{Passierabstand} = \frac{16° \cdot 4\ \text{sm}}{60'} = 1{,}07\ \text{sm}$$

So weit kann man im Nebel nicht sehen. Ein Abstand von einer halben Kabellänge (0,05 sm) ist nötig, also eine Seitenpeilung von

$$\text{Passierabstand} = \frac{60' \cdot 0{,}05\ \text{sm}}{4\ \text{sm}} = 0.75° \approx 1°$$

Der Kurs muß um 16°–1° nach Bb geändert werden, um die Tonne im Nebel identifizieren zu können. Wo viele Tonnen liegen sei man auf der Hut, daß es sich auch um die Anschlußtonne handeln kann.

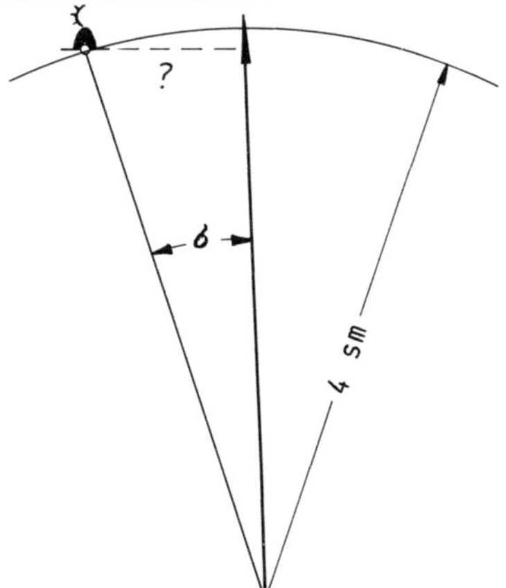

Abb 2.103

103 Doppelpeilung eines Objekts

Man peilt dasselbe Objekt 0 zweimal in einem zeitlichen Abstand, der eine Peilungsdifferenz von möglichst >30° ergibt, und bildet aus Zeit und Fahrt oder nach Logge die Zwischensegelung *s*, die man zeichnerisch mit Kurs κ von 0 aus mit Endpunkt 0′ abträgt. Die erste Peilung P_1 wird an 0′ (!) angetragen; die zweite Peilung P_2 an 0. Der Schnitt der Peilstrahlen ist der Schiffsort F; → Abb 2.104.

Mit dem Rechner:

Die Formel beruht auf der gezeigten Konstruktion, aber die Zeichnung braucht nicht ausgeführt zu werden. Gezeichnet wird nur der zweite Peilstrahl P_2 an 0, und auf ihm wird der berechnete Abstand *d* des Schiffs vom Objekt abgetragen. Formel:

$$d = \frac{s \sin (P_1 - \kappa)}{\sin (P_2 - P_1)}$$

Peilungen und Kurs sind rechtweisend einzugeben.

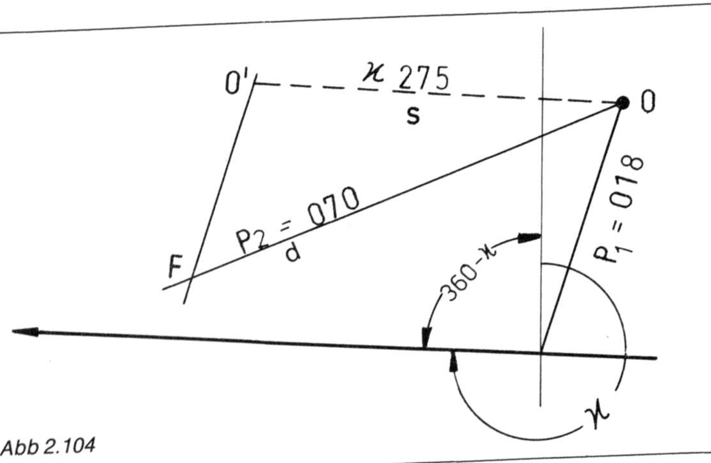

Abb 2.104

104 Abgestumpfte Doppelpeilung

Es werden zwei Objekte 0_1 und 0_2 in zeitlichem Abstand, also mit Zwischensegelung, gepeilt, weil weder eine Doppelpeilung von 0_1 noch eine Kreuzpeilung mit beiden Objekten möglich ist; → Abb 2.105. Lege Kartenkurs κ und Zwischensegelung *s* in 0_1 an, was Punkt $0_1'$ ergibt, und trage die erste Peilung P_1 in $0_1'$ (!) an. Die zweite Peilung P_2 auf 0_2 schneidet P_1 im Schiffsort.

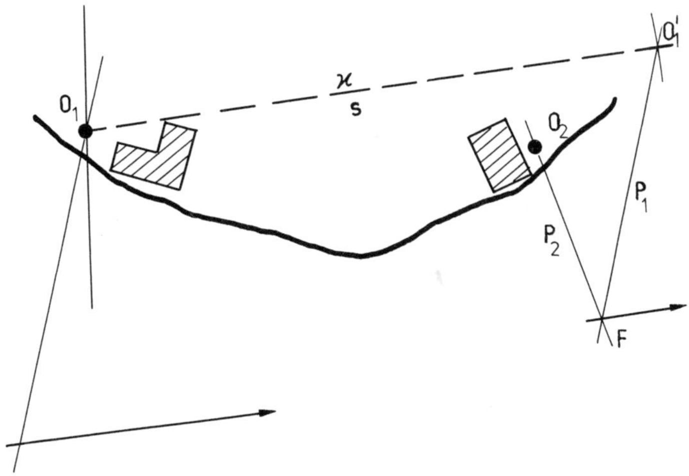

Abb 2.105

Die Konstruktion ist einfacher als die der Schulnavigation. Für Rechner habe ich folgende Formel entwickelt, bei der auch wieder die Länge des zweiten Peilstrahls ausgerechnet wird: → Abb 2.106.
Die erste Peilung P_1 wird nur notiert, dazu der Zeitpunkt oder Loggestand, denn es beginnt die Messung der Versegelung D_v auf Kurs κ. Aus der Karte

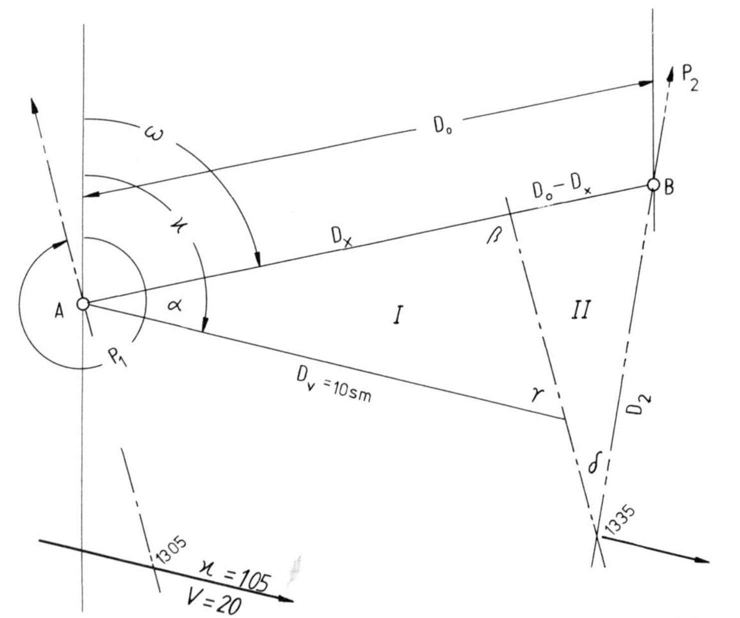

Abb 2.106

muß man entnehmen die Orientierung ω der Basis der beiden Peilobjekte und deren Länge D_0. Wird das zweite Objekt sichtbar, kann man auch die zweite Peilung P_2 nehmen. Wenn der Rechner genügend Speicher hat, kann man alle genannten Größen auch schon speichern, um sie im Zeitpunkt der zweiten Peilung gleich zur Ausrechnung bereit zu haben. Nun die Formel:

$$D_2 = \frac{D_0 \sin (P_1 - \omega) - D_V \sin (P_1 - \kappa)}{\sin (P_1 - P_2)}$$

Setzen Sie bei allem die rechtweisenden Zahlen ein und kümmern Sie sich nicht um negative Sinus oder Winkel > 360°.

Wenn Sie wissen möchten, wie es gemacht wurde: Es wird zuerst im Dreieck I (→ Abb 2.106) mit dem Sinussatz die Teillänge *Dx* der Basis (2 Winkel, 1 Seite) ausgerechnet. Da im Dreieck II alle Winkel und nun auch *Do* — *Dx* bekannt sind, kann man wiederum mit dem Sinussatz D_2 berechnen. Zur Winkelbestimmung braucht man etwas elementare Geometrie am Dreieck, wie Größe der Außenwinkel. Schließlich: Die hier genannte Formel ergibt sich aus einer Zusammenfassung der Berechnungen für Dreieck I und Dreieck II über die Brücke (*Do* — *Dx*).

In die Karte eingetragen wird nur Peilstrahl 2 in der berechneten Länge D_2. Sie können alle Distanzen übrigens mit den Millimetern aus der Karte rechnen, denn die Objekte liegen ja nicht mal einen halben Breitengrad oder 30 sm weit auseinander!

Gefahrpeilung, Gefahrwinkel 2.11

Zur sicheren Schiffsführung ist nicht immer ein Fix oder laufendes Fix nötig, sondern nur die Vermeidung gefährlichen Wassers.

110 Einfache Gefahrpeilung

Abb 2.110 zeigt das einfache Schema, eine der Küste vorgelagerte Untiefe zu vermeiden. In der Karte legt man vom Leuchtturm L einen die Untiefe tangierenden Peilstrahl XL. Es ist am besten, diese Peilung als Kompaßpeilung auszurechnen, damit man sie ohne viel Beschickung über den Kompaß (möglichst Steuerkompaß) kontrollieren kann. Eine Quermarke an der Küste, die einem zeigt, wann man anfangen muß, aufzupassen, läßt sich meist in der Nähe des Schnitts von Gefahrpeilung XL und Kartenkurslinie finden (M).

Liegen Küste und Gefahr an Backbord, darf die Peilung von L *nicht größer* werden als XL. Solange L in einer kleineren Kompaßpeilung als XL peilt, z. B. YL, ist das Schiff in sicherem Wasser; wird die Peilung größer, etwa ZL, *kann* dem Schiff Gefahr drohen.

Liegen Küste und Gefahr an Steuerbord, dann muß das Peilobjekt in einem *größeren* Winkel als die Gefahrpeilung peilen.

Die Gefahrpeilung soll vom Kurs nicht zu sehr abweichen.

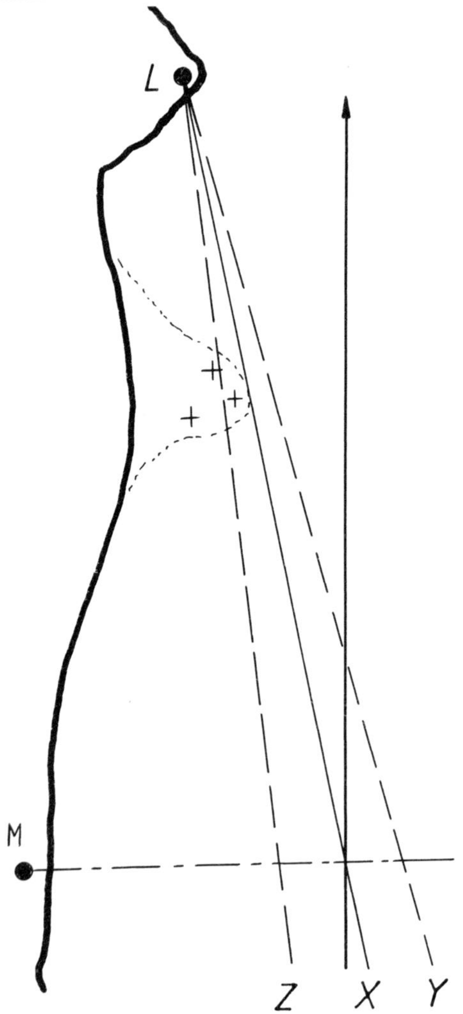

Abb 2.110

111 Vermeidung der Hundekurve

Wer bei seitlich versetzendem Strom oder Wind auf dem Wege von Tonne A zur Tonne B (→ Abb 2.111) mit dem Bug des Schiffs ständig auf Tonne B zielt, fährt eine *Hundekurve;* sie ist in der Abbildung gestrichelt. Man sieht, daß diese Kurve einen Umweg über gefährliches Gebiet bedeuten kann.

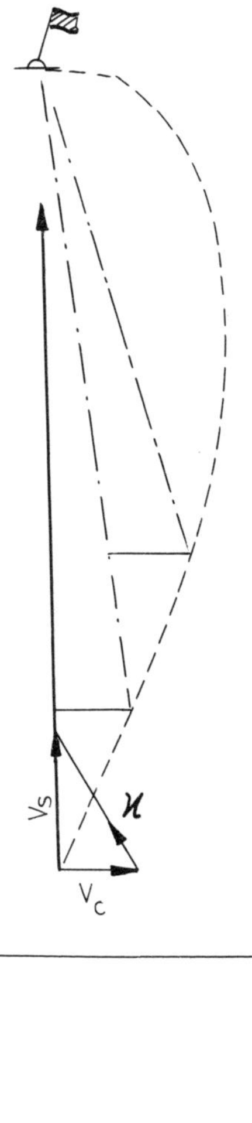

Abb 2.111

Es muß zeichnerisch oder rechnerisch der nötige Vorhaltewinkel β gefunden werden; dieser entspricht der Gefahr-Seitenpeilung, in der das Ansteuerungsobjekt zu halten ist. (→ 1.051, 2. Stromaufgabe). Formel:

$$\beta = \arcsin\,[(V_c/V_s)\,\sin\,(\kappa - \kappa_c)]$$

V_s Schiffsgeschwindigkeit, V_c Stromgeschwindigkeit, κ Kartenkurs, κ_c Strom- oder Windkurs.

Merke:

Für die Nachtfahrt empfiehlt sich, β in Kompaßpeilung umzurechnen, die über den beleuchteten Kompaß besser zu kontrollieren ist. *Wahrschau:* Anfänger in der Nachtfahrt neigen dazu, Ansteuerungfeuer auf dem Vorsteven zu halten, auch wenn Sie's am Tage richtig machen.
In der *Radarfahrt* Peillineal auf β einstellen und Echo unter diesem halten. Auch Radar verleitet dazu, das Ansteuerungsecho unter den Vorausstrich zu nehmen, weil die Hundekurve unsichtbar bleibt.
In *schlechtem Wetter* sind Seitenpeilungen nur schwer zu kontrollieren, deshalb Kompaßpeilung bilden und Anweisung geben, wie: „Leuchtturm Alte Weser nicht nördlicher als eins-drei-fünf!"*

112 Horizontaler Gefahrwinkel

Das Verfahren nützt, daß der Umfangswinkel über einer Kreissehne an jeder Stelle des Kreisbogens auf derselben Seite der Sehne konstant ist; Abb 2.112. Nötig sind zwei deutliche Marken an Land oder im Wasser, die mit dem horizontal gehaltenen Sextant beobachtet werden können. Der Sextant wird dazu auf den Gefahrwinkel eingestellt, und dieser wird eingehalten, wenn die beiden Marken im Instrument in Deckung erscheinen. Müssen in einer Durchfahrt zwei Horizontalwinkel überwacht werden, ist ein Dreiarmtransporteur (Doppelwinkelmesser) praktischer.

---

* Fahrt 7 kn, Deviation W2°, Mißweisung W3,5°. Wie setzt der Strom?

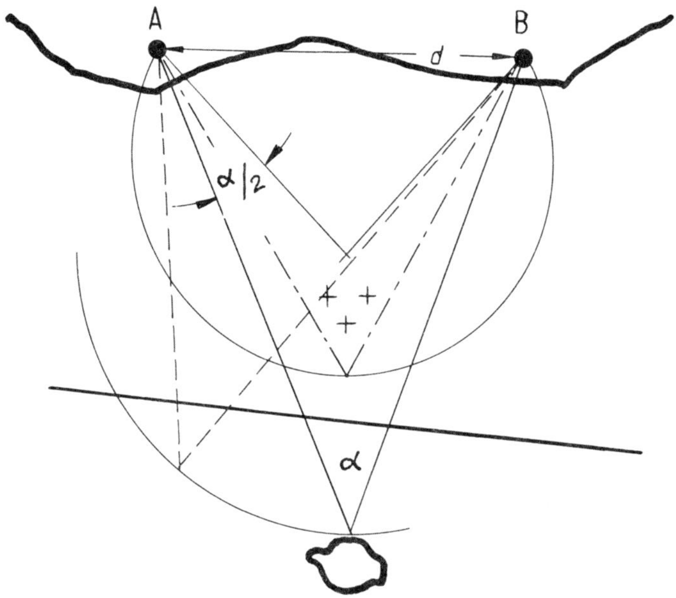

Abb 2.112

Ziehe vom Rande der Gefahrstelle(n) je eine Gerade zu den Marken und messe den Winkel α; dieser ist am Sextant oder Transporteur einzustellen. Liegt die Gefahr zwischen Schiff und Marken, darf der Winkel nicht größer werden. Liegt das Schiff zwischen Gefahr und Marken, darf der Winkel nicht kleiner werden.

Der Kreis braucht nicht gezeichnet zu werden. Um ihn zu zeichnen, trage bei jeder Mark an den Schenkel des Horizontalwinkels nach innen $\alpha/2$ an; die freien Schenkel dieser Winkel schneiden sich im Mittelpunkt des Kreises durch Marken. Schnellere Methode: Mit der Rechenmaschine:

$$r = \frac{d}{2 \sin \alpha}$$

Schlage mit *r* einen Kreisbogen um jede Mark (zum Schiff hin, wenn $\alpha <$ 90°, sonst vom Schiff weg); die Bögen schneiden sich im Kreismittelpunkt, um den mit demselben Radius *r* der Gefahrkreis geschlagen wird (Abb 2.113).

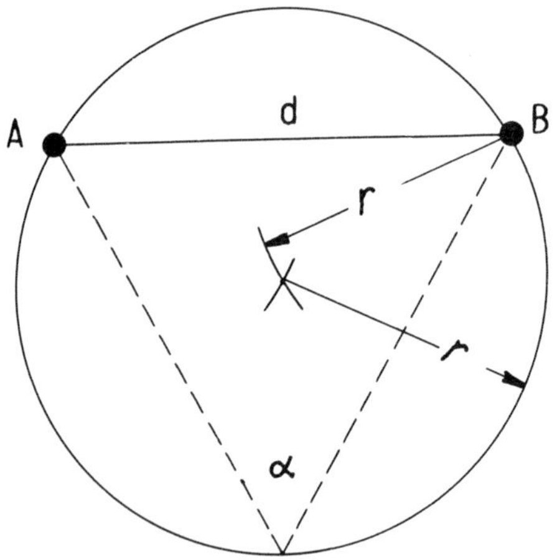

Abb 2.113

113 Vertikaler Gefahrwinkel

Ist die Höhe eines küstennahen Bauwerks oder einer Klippe bekannt, läßt sich aus ihr und aus dem geforderten Sicherheitsabstand der vertikale Gefahrwinkel berechnen:

$$\alpha/' = \frac{1{,}86\ h/\mathrm{m}}{d/\mathrm{sm}}$$ (am Sextant einstellen)

Da es sich für die betreffende Stelle um eine Konstante handelt, kann man die Minuten des Gefahrwinkels beim Objekt in der Seekarte eintragen. Steht man zu nahe, erscheint das gespiegelte (rechte) Bild über der Strandkimm, in sicherem Abstand in oder unter ihr. (Mehr → 2.2)

114 Abstand aus Fahrt, Zeit, Peilung

Mißt man die Zeit t/s, die vergeht, bis eine Marke seitlich vom Schiff aus der Peilung 8° vorlicher als dwars bis 8° achterlicher als dwars peilt, dann ist die Distanz von der Marke

$$d/\mathrm{sm} = \frac{t\,V}{1012} \text{ oder } d/\mathrm{m} = 1{,}83\ t\ V \text{ für } [2 \times 8°]$$

t/s und V/kn. Ein Schiff, das in 1 sm Abstand mit 6 kn vorbeifährt, braucht 2 min 48 s. Wem das zu langweilig ist, der kann von 5° vorlicher bis 5° achterlicher als querab messen:

$$d/\mathrm{sm} = \frac{t\,V}{630} \text{ oder } d/\mathrm{m} = 2{,}94\ t\ V \text{ für } [2 \times 5°]$$

Allgemein gilt mit t/s und $v/\mathrm{m\,s^{-1}}$

$$d/\mathrm{m} = \frac{t\,v}{2 \tan \alpha}$$

worin α der Winkel vor- und achterlich querab ist. Es macht aber keinen Sinn, diesen Winkel $< 5°$ oder $> 9°$ zu machen, weil bei engem Winkel der Fehler durch Gieren zu groß wird und bei großem Winkel die Zeitmessung zu lang wird.

Anbringung der Peilmarken

Angenommen der Ruderstand ist mittschiffs: Messe den Abstand vom Rudergängerstandpunkt genau dwars zum Seitenfenster (usw) d/cm und markiere auf der Scheibe den Dwarspunkt (schmale Klebemarke). Wähle Winkel α und berechne $a = d \tan \alpha$. Das Ergebnis a/cm ist von der Dwarsmarkierung einmal nach vorn und einmal nach achtern mit einem senkrechten Klebstreifen in möglichst Augeshöhe zu markieren. Die Sache ist nicht sehr genau, hilft aber oft, eine Strömung zu erkennen.

115 Kaps runden

Seit es Radar gibt, runden auch deutsche Kapitäne Kaps in einem kontinuierlichen Bogen. Amerikanische Captains machten das auch ohne Radar – so:

Kaps haben gewöhnlich einen Leuchtturm oder ein anderes peilbares Merkmal. In der Seekarte bestimmt man, welcher Radius von dieser Marke nötig ist, um das Schiff sicher herumzufahren. Daraus berechnet man den vertikalen Gefahrwinkel (→2.20) und stellt ihn am Sextant ein.

Man dampft mit Sextantkontrolle an den Mindestabstand heran, bis die Marke querab peilt und bringt mit nachfolgenden kleinen Kursänderungen die Marke immer wieder querab – *aber nie vorlicher als querab!* Die Methode ist unzuverlässig, wenn Strom oder starker Wind das Schiff quer versetzen.
Abstandskontrollen sind durch Beobachtung der Kursänderungsrate (≈ Änderung des Kompaßkurses) möglich. Gemessen wird die Kursänderung in einem bestimmten Zeitintervall; etwa in 6 min (= 0,1 h). Loggeablesung im gleichen Zeitintervall bzw. bei Fahrtanzeiger, die aus Fahrt und Zeitintervall berechnete Logge (Weg) s dient zur Bestimmung des Abstands nach folgender Tabelle:

Kursänderung/grd	Abstand/sm
57,5*	$\approx s$
28,5	$\approx 2s$
19	$\approx 3s$
14,5	$\approx 4s$
11,5	$\approx 5s$

* Bei diesem Winkel ist die Länge des Kreisbogens fast gleich dem Radius des Bogens; genau ist der Winkel freilich 57,2958°. Die weiteren Winkel sind Hälfte, Drittel, Viertel und Fünftel dieses Winkels, der als 1 rad bezeichnet wird.

Andere Methode:

Bestimme die Zahl der Sekunden für eine Kursänderung von 16° bei Fahrt nach dem Rezept: „Marke querab halten." Die Distanz von der Marke ist dann

$$d = \frac{tV}{1000}; \qquad t/\mathrm{s},\ V/\mathrm{kn},\ d/\mathrm{sm}.$$

Wahrscheinlicher Gißfehler **2.12**

Ein Koppel- oder Gißort wird um so ungewisser, je größer die zurückgelegte Strecke seit dem letzten Fix ist. Nach der Erfahrung neuzeitlicher Schiffahrt liegen Kurs- und Distanzfehler über Grund bei 5% der seit dem letzten Fix zurückgelegten Distanz. Den Fehlerkreis um einen nur durch Koppeln erhaltenen Schiffsort muß man also mit einem Radius von $d/20$ ziehen. Segelyachten, die haben kreuzen müssen, und alle Yachten, die schlechtes Wetter auf der Reise hatten, wählen besser einen Radius von 8% der zurückgelegten Distanz, solange sich keine Möglichkeit zu genauerer Ortsbestimmung anbietet.

2.2 Vertikalwinkel

Der vielgelobte Höhenwinkel **2.20**

Mißt man den Vertikalwinkel zu einem Objekt bekannter Höhe, so kann man daraus die Entfernung *d* zu diesem Objekt berechnen. Zur Winkelmessung sind *nur Präzisions-Sextanten tauglich,* da es sich meist um kleine Winkel und größere Entfernungen handelt. Das Instrument muß ein gutes Fernglas haben.

200 Mathematik und Faustformel

Im Prinzip und ohne Lichtbrechung handelt es sich um die Bestimmung der Ankathete *d* (Distanz) in einem rechtwinkligen Dreieck, dessen Gegenkathete *h* (Höhe des Objekts über Wasserspiegel) und der Winkel *α* gegenüber *h* bekannt sind. Daher die genaue Formel:

$$d = \frac{h}{\tan \alpha} \qquad h/\mathrm{m},\ d/\mathrm{m},\ \alpha/^\circ \text{ (Abb 2.200)}$$

Die Faustformel der Navigation lautet:

$$d = \frac{13}{7} \cdot \frac{h/\mathrm{m}}{\alpha/'} \qquad d/\mathrm{sm}$$

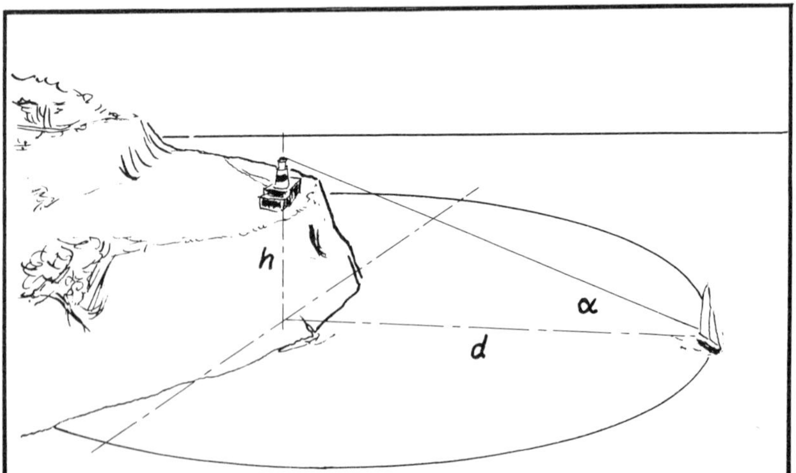

Abb 2.200

Statt 13/7* nimmt man zur Rechnung mit Rechenschieber und Computer besser 1,857. Die Faustformel ist nicht genau; bei Winkeln $>$ 600′ beträgt der Fehler ~ 1,1%. Solche Fehler spielen in der Praxis keine Rolle, weil schon durch die Lichtbrechung in der Luft eine Unsicherheit gegeben ist. *Vertikalwinkelmessungen unterlassen,* wenn die Luft flimmert, bei großen Temperaturunterschieden von Wasser und Luft, bei Winkelgrößen $<$ 10′.

201 Tidenfehler

Beachten, auf welchen Wasserstand sich die Höhenangaben in Karten und Leuchtfeuerverzeichnissen beziehen – in deutschen Karten und Büchern z. B. über mittlerem Hochwasser, in amerikanischen über Springhochwasser.
Wird der Höhenwinkel nur zur Kontrolle des Sicherheitsabstandes gebraucht, läßt man (außer in Durchfahrten) die Tide unberücksichtigt. Der bei Niedrigwasser größere Winkel verleitet zu mehr Abstand, was mehr Sicherheit bedeutet. Wird der Höhenwinkel zur Standortbestimmung gebraucht, muß der Wasserstand berücksichtigt werden. Siehe aber Abschn 2.203: „Fehler durch Strandkimm".
In Revieren mit großem Tidenhub suche man sich möglichst hohe Objekte, denn bei denen ist der Höhenunterschied relativ kleiner. Beispiel:
Im Gebiet von St Malo ist der Tidenhub zur Springzeit 12 m. Angenommen, es wird ein Höhenwinkel von 150′ gemessen, einmal an einem über NW 100 m hohen Turm, zum anderen an einem über NW 50 m hohen Turm; bei HW sind beide 12 m niedriger:

Turm 50 m	Turm 100 m
NW d = 0,62 sm	d = 1,24 sm
HW d = 0,47 sm	d = 1,09 sm
Δ = 32%	14%

Allgemein sind höhere Objekte günstiger – die Laternen von Feuerschiffen lohnten noch den Versuch, die der modernen Großbojen an ihrer Stelle taugen dazu nicht mehr.

* 13/7 ist eine angenäherte Seemeile 1,852 km

202 Fehler durch Augeshöhe?

Eine ungeprüfte Behauptung in manchen Lehrbüchern ist, man müsse die Augeshöhe möglichst niedrig wählen, um einen Höhenwinkel zu messen. Diese Forderung hat keine mathematische Berechtigung. Die Höhe eines Objekts sei 100 m, die Distanz 500 m, so ist der Höhenwinkel 678,6′ für Augeshöhe 0 (Lichtbrechung unberücksichtigt). 500 m entsprechen 0,2700 sm. Nach der Faustformel kommen 0,2737 sm, also 1,37% mehr heraus.
Bei Augeshöhe 5 m hat man es, streng genommen, nicht mehr mit einem rechtwinkligen Dreieck zu tun. Die Entfernung fällt zum Objekt hin ab und ist jetzt 500,025 m lang; der Höhenwinkel 680′, die Distanz nach Faustformel 0,2731 sm.
Bei Augeshöhe 25 wird die schräge Distanz 500,6246 m und der Höhenwinkel 683,6′, die Faustformel ergibt 0,2717 sm.
Auf weitere Distanzen wird der Fehler durch Augeshöhe noch lächerlicher. Also steigen Sie ruhig ins Krähennest oder auf die Flybridge.

203 Fehler durch Strandkimm

Dieser Fehler ist bei geringen Küstenabständen ernst zu nehmen, wenn die Strandlinie beträchtlich näher zum Schiff liegt als der Fußpunkt des Objekts. Bleiben wir beim Beispiel für 5 m Augeshöhe aus dem vorstehenden Abschnitt. Bringen wir das Lampenhaus des Leuchtturms mit dem

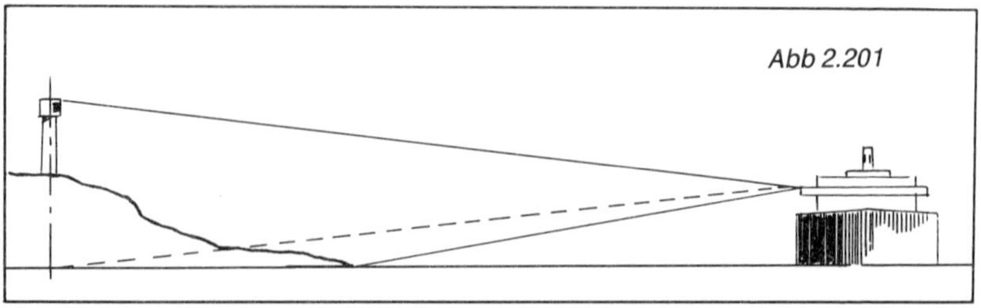
Abb 2.201

Sextanten in eine Strandkimm, die weit seewärts vom Fußpunkt des Turms liegt, dann messen wir einen zu großen Winkel, wie Abb 2.201 zeigt.
Die exakte Rechnung ergibt, daß der Fehler beträchtlich ist und die Warnwirkung des vergrößerten Winkels im küstennahen Bereich überspielt.

Strand vor Objekt	Distanzverkürzung %	
m	effektiv	nach Höhenwinkel
0	0	−1,15*
100	20	4,68
200	30	6,53
300	60	17,77
400	80	18,93

Die Bedeutung des Fehlers wird geringer bei größerem Abstand vom Objekt, aber das Beispiel aus extrem naher Küstenlage zeigt, daß die Lehre, Niedrigwasser und der damit größere Vertikalwinkel gegenüber Höhenangaben bedeute zusätzliche Sicherheit, keine absolute Gültigkeit hat. Für Küsten mit flachen Sandstränden, Watten und Flußdeltas ist sie falsch. Da ist es besser, die Höhe des Turms über dem Boden zu nehmen, falls der Sockel des Turms sichtbar ist.
Die vorstehenden Untersuchungen haben die Lichtbrechung nicht berücksichtigt, was zur Erläuterung des Prinzips auch nicht nötig war. Die Faustformel für den Höhenwinkel ist jedoch auf eine mittlere Lichtbrechung abgestellt.

* Diese Verlängerung beruht auf der Augeshöhe von 5 m und auf dem in der Faustformel steckenden geringen Systemfehler. Alle Tabellenwerte sind mit einem tatsächlichen Abstand von 500 m von dem 100 m hohen Objekt berechnet.

Kimmtiefe, Dip* 2.21

210 Geometrischer Horizont

Sieht man auf See aus einer Augeshöhe *h* um sich, so hat die Aussicht auch bei klarem Wetter eine Grenze, die der deutsche Seemann „Kimm" nennt – die übrige Menschheit sagt Horizont. Dieser geometrische Horizont ist durch die Krümmung der Erdoberfläche bedingt, → Abb 2.210. Der Winkel

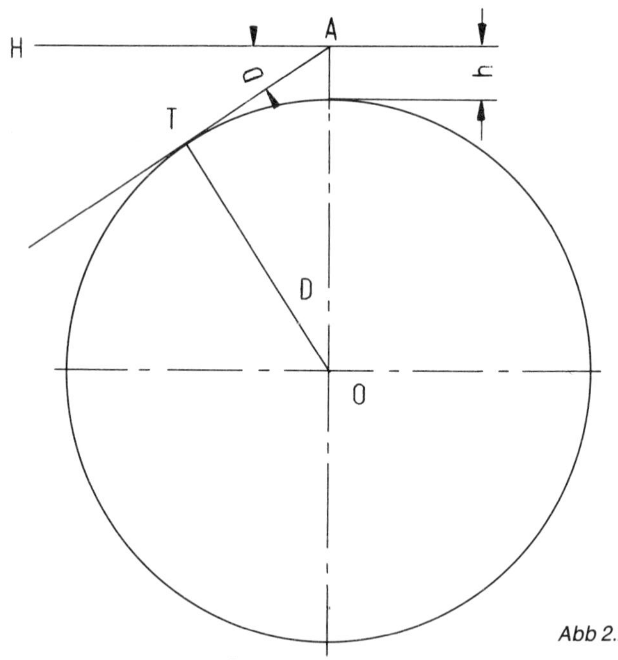

Abb 2.210

* Da Kimmtiefe sprachlich nicht exakt ist – es handelt sich um einen Winkel, nicht um Tiefe – und Dip kürzer ist, habe ich mir die englische Anleihe zueigen gemacht.

D zwischen Horizontaler H in Augeshöhe und der vom Auge an die Erdoberfläche geführten Tangente (Sehstrahl) T ist der *Dip* (im luftleeren Raum). Weil Winkel HAO und Winkel ATO beides rechte sind (90°), ist der Winkel am Erdmittelpunkt 0 gleich D.

So ist es möglich, D zu berechnen:

$$\tan D = \frac{AT}{r}$$

$$AT = \sqrt{h\,(2r + h)} \text{ (nach Pythagoras)}$$

Folglich:

$$\tan D = \frac{1}{r}\sqrt{2rh + h^2};$$

quadriert:

$$\tan^2 D = \frac{2rh + h^2}{r^2} = \frac{2h}{r} + \left(\frac{h}{r}\right)^2$$

$$\tan D = \sqrt{\frac{2h}{r} + \left(\frac{h}{r}\right)^2}$$

Da h immer sehr klein gegen den Erdradius von 6371 km ist, kann man $(h/r)^2$ weglassen.

Es gilt also genau genug:

$$\tan D = \sqrt{2\,h/r}$$

Den Erdradius westlicher Navigatoren* mit $r = 6{,}372 \cdot 10^6$m und h ebenfalls in Meter eingesetzt, ergibt sich:

$$\tan D = \sqrt{\frac{2\,h}{6{,}371 \cdot 10^6}} = \sqrt{3{,}1392 \cdot 10^{-7}} \cdot \sqrt{h}$$

$$\tan D = 5{,}6029 \cdot 10^{-4}\sqrt{h}$$

* Der sozialistische Erdradius des Ostblocks ist 5 m länger als der kapitalistische.

Dies auf 1′ abgestellt, um auf Seemeilen zu kommen:

$$\tan 1' \, D = 5{,}6029 \cdot 10^{-4} \sqrt{h}$$

$$D = \frac{5{,}6029 \cdot 10^{-4}}{2{,}9089 \cdot 10^{-4}} \sqrt{h} \approx 1{,}93 \sqrt{h}$$

Da die Entfernung des Horizonts nicht von den Augen, sondern von den Füßen aus längs der Erdkrümmung gemessen wird (Abb 2.210), ist die Entfernung ohne Lichtbrechung in Seemeilen gleich dem Dip in Minuten.

211 Sichtbarer Horizont

Wegen der in Bodennähe dichteren, mit der Höhe weniger dicht werdenden Luft, ist der Lichtstrahl von der Kimm zum Auge gebogen; hohle Seite nach unten, → Abb 2.211. Man sieht also etwas über den geometrischen Horizont hinaus; er erscheint angehoben. In der Gegenrichtung würde ein Schwimmer im Punkt T an der sichtbaren Kimm unser spähendes Auge ebenfalls erhöht statt in A in P sehen. Kurz: Der optische Dip ist kleiner als der geometrische.

Man kann die gekrümmte Sehlinie als einen Kreisbogen ansehen, was sie nicht ist. Man kann den Winkel TAP als stark angenähert rechtwinklig ansehen, weil h und x in Abb 2.211 wirklich sehr klein gegen r sind. Und so kann man dann ohne großen Fehler vereinfachend sagen, daß das Stück x, um das der Schwimmer in T unsere Augen zu hoch in P sieht, nach der Tangensfunktion die Größe hat:

$$x = \overline{TA} \cdot \tan T \qquad (211\,a)$$

(T der Winkel bei T).

Wie groß der Winkel T sein soll, das müssen die Herren entscheiden, die die schlauen Tafeln für Nautiker gemacht haben – und diese Herren sind sich da nicht einig, was sie auch nicht sein können, denn der Brechungsindex, der die Krümmung der Sehlinie und die Anhebung des Horizonts bzw. entgegengesetzt, der Beobachteraugen bestimmt, der ist fast ebenso ver-

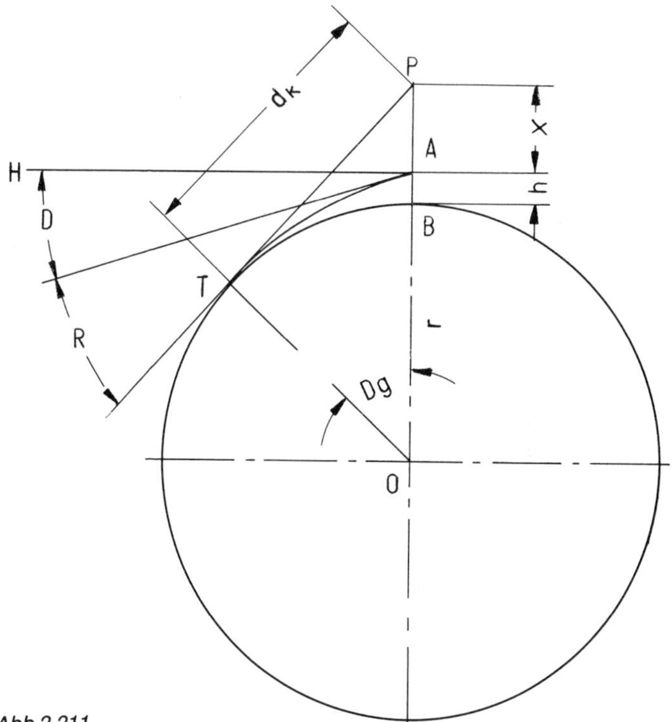

Abb 2.211

änderlich wie das Wetter. So haben die Herren für den Alltagsfall einen mittleren Brechungsindex genommen, aber auch nicht einheitlich. Bezeichnen wir mit D_g den Dip ohne Lichtbrechung und mit *b* die Brech- oder Refraktionszahl, dann gilt für den Winkel *T* in Formel (211 a):

$$T = b \cdot D_g \tag{211 b}$$

b ist bei uns nach der Kimmtiefentafel in den Nautischen Tafeln von Fulst

[7] gleich 0,0803, bei den Briten 0,0794 und bei den Amerikanern als einzig offen Bekennenden $b = 0{,}0784$.
Zurück zur Formel (211 a), so ist zu bemerken, daß $\overline{TA}$ (als Fast-Tangente/ Fast-Sekante genau genug für die Verhältnisse, in denen nicht nach Millimetern gerechnet wird) mit dem Erdradius $r = 6371$ km und dem geometrischen Dip D_g (Abschn 2.210) mit

$$\overline{TA} = r \tan D_g \qquad (211\,c)$$

erklärt ist. Setzen wir 211 b und 211 c in 211 a ein, dann ergibt sich

$$x = r \tan D_g \cdot b \tan D_g$$

Nach den trigonometrischen Funktionen ist (→ Abschn 0.0) $r \tan D_g \cdot \tan D_g = r \tan^2 D_g = 2h$, was dann für $x = 2bh$ ergibt.

Westdeutsch ist $x = 0{,}1606\,h$
amerikanisch ist $x = 0{,}1568\,h$

Aus der Geometrie der Abb 2.211 ergibt sich, daß PT ungefähr die Entfernung des auf Punkt B stehenden Beobachters bis zum sichtbaren Horizont in T sein muß; nennen wir sie d_k. (Die Stücke PB und BT sind im Verhältnis zu r ja sehr klein, so daß man es angenähert mit einem rechtwinkligen Dreieck zu tun hat für das gilt $a^2 + b^2 - c^2 = 0$.)

$$PT \approx \sqrt{2r\,(x + h)} = d_k$$

Die Entfernung der sichtbaren Kimm vom Beobachter bei „normalem" Wetter und „mittlerer" deutscher Refraktion (8 %) errechnet sich demnach zu:

$$d_k = \sqrt{2 \cdot 6371 \cdot 10^3\,(0{,}1606\,h + h)}$$
$$= 3845{,}56\,\sqrt{h}$$

Das muß durch 1852 m geteilt werden, damit d_k in Seemeilen erscheint:

$$\boxed{d_k/\text{sm} = 2{,}076\,\sqrt{h}}$$ mittlere Kimmentfernung,

und zwar die europäische; die amerikanische ist $2{,}0721\sqrt{h}$.

Im Dreieck OTA (Abb 2.211) ist die Summe der Innenwinkel 180° wie in jedem Dreieck. Der Winkel O entspricht dem Bogen d_k, und $R = 0{,}08\,d_k$. So können wir die Winkelsumme im Dreieck OTA auch so darstellen:

$$d_k + (90° - R) + (90° - D - R) = 180°$$

Daraus ergibt sich nach etwas Umstellung für den Dip D mit Lichtbrechung:

$$D = d_k - 2\,R$$

Hierin eingesetzt die schon errechneten Werte $d_k = 2{,}0766\sqrt{h}$ und für die Refraktion $R = 0{,}08\,d_k$ ergibt (h Augeshöhe):

$$D = 2{,}076\sqrt{h} - 2 \cdot 0{,}08 \cdot 2{,}0766\sqrt{h}$$

ausgerechnet:

$D = 1{,}7443\sqrt{h}$	mittlere Kimmtiefe, Dip.

Strandkimm 2.22

Bedingung: Die Entfernung bis zum Strand oder bis zur Hafenmole oder Wasserlinie eines anderen Schiffs muß möglichst genau bekannt sein – Radar. Man kann dann den Dip (Kimmtiefe) ausrechnen:

$$D_s = 0{,}4095\,d + 18563\,\frac{h}{d}$$

$D_s/'$, $d/$sm, $h/$m (Augeshöhe).

Man kann so ein Gestirn auch in die Strandkimm spiegeln, macht die Höhenbeschickung wie üblich und zieht die Differenz „normaler Dip minus

Stranddip“ von der Höhenbeschickung nachträglich ab. Wird mit dem Nautical Almanac gearbeitet, nimmt man statt des tabellierten Dip den hier berechneten Stranddip.

Entfernung eines Objekts vor der Kimm 2.23

Messen Sie den Winkel δ zwischen Seekimm und Strandkimm. Dann ist der Dip der Strandkimm $D_s = D_k + \delta$. Nach 2.211 für die Seekimm D_k eingesetzt (→ Abb 2.23):

$$D_s = 1{,}7443 \sqrt{h} + \delta$$

Durch Umstellung der Gleichung für den Dip der Strandkimm (Abschn 2.22) und ihre Multiplikation mit d wird sie in eine quadratische Gleichung umgewandelt:

$$0{,}4095\, d^2 - D_s\, d + 1{,}8563\, h = 0$$

Gebraucht wird nur die erste Lösung:

$$d_1 = (D_s - \sqrt{D_s{}^2 - 3{,}0406\, h}) : 0{,}819$$

d_1/sm, D_s/′, h/m.

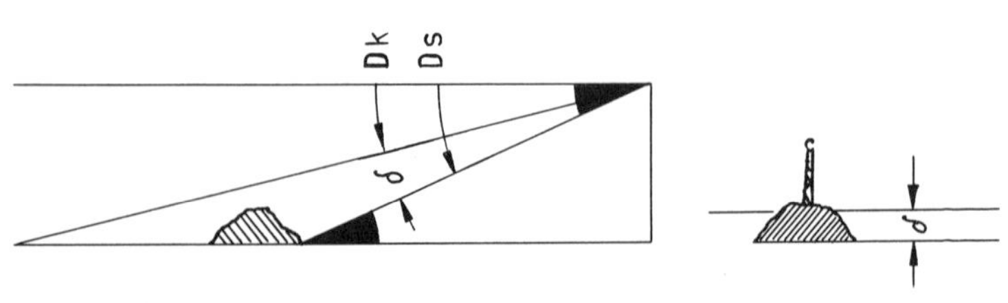

Abb 2.23

Dip (Kimmtiefe) feststellen 2.23

Mit einem guten Sextanten kann man die Kimmtiefe messen, wenn man ein höher als 60° stehendes Gestirn* einmal direkt und einmal „über Kopf" in der Gegenrichtung seines Azimuts anmißt. Zur Messung über Kopf stellt man die Alhidade auf 60° oder etwas mehr, je nach Höhe des Gestirns, visiert mit steil nach oben gerichtetem Sextant das Gestirn an und senkt nun in bekannter Weise den Sextanten zum Horizont, wobei man gleichzeitig die Alhidade von sich weg bewegt, so daß das Gestirn im Hauptspiegel bleibt, bis man es in die Kimm gespiegelt hat.

Beispiel:

Datum: 1977-07-07, Giß: N54° W18°, Stern Kochab
δ N74-15.2, *SHA* 137-18.6, Azimut $Z_n \approx 11°$. Augeshöhe 6,0 m.

1. Beobachtung (ü Kopf)	GMT 21-59-56:	h_{s1} = 111-13.3
2. Beobachtung	GMT 22-00-52:	h_{s2} = 68-58.7 +
		180-11.9
Höhenber. für 56 s Zeitunterschied		1.7 −
2 *Dip* + 180 =		180-10.2

Der gemessene Dip ist also 5.1′ – nach den nautischen Tafelwerken wäre er für 6 m Augeshöhe 4.4′ (und die Refraktion wäre für die Sextanthöhe 0.4′).

Objekt jenseits der Kimm 2.24

Man mißt mit dem Sextanten den Winkel zwischen Spitze und Kimm eines Objekts bekannter Höhe *H*, dessen Fuß hinter der Kimm liegt (z B hohe

* Im Frühjahr und Herbst am besten Fixsterne, deren Deklination sich nicht ändert. Im Sommer und Winter ist auch die Sonne geeignet, deren gleichen Rand man mißt: Unterrand beim spitzen = Oberrand beim stumpfen Winkel. Der Mond ist *ungeeignet*.

Insel) und berichtigt den Sextantwinkel für Indexfehler und Dip zum Vertikalwinkel α. Zur Berechnung der Entfernung bis zum Objekt gibt es die genauere Formel nach Bowditch [3], hier umgerechnet auf metrische Verhältnisse:

$$d = \sqrt{4{,}3964\ (H - h) + (4065 \tan \alpha)^2} - 4065 \tan \alpha$$

d/sm Entfernung, H/m Objekthöhe, h/m Augeshöhe, α/° Vertikalwinkel.

Die Formel der deutschen Navigationsschulen ist:

$$d = \sqrt{3{,}71\ (H - h) + \alpha^2} - \alpha$$

α ist hier in Winkelminuten einzusetzen, ebenfalls berichtigt für Indexfehler und Dip; andere Maße wie zuvor.
Die erste Formel könnte man für programmierte Rechner nehmen, die zweite für nicht programmierte. Die „deutsche" Formel gibt die Entfernungen bei normaler Refraktion um ca. 1,5% zu kurz, was freilich keine Bedeutung hat, weil es auf größte Genauigkeit sowieso hierbei nicht ankommt.

Objekt vor oder hinter der Kimm? 2.25

Falls es nicht klar, aber sehr wichtig sein sollte, was bei guter Seemannschaft zu den großen Seltenheiten gehört: Man verprobt den Höhenwinkel nach

1. $d/\text{sm} = (13/7) \cdot H/\alpha$ gegen
2. $d/\text{sm} = 2{,}08\ \sqrt{h_a}$

Ist 1.>2., dann liegt der Fuß des Objekts *hinter* der Kimm, sonst nicht. Da ein guter Sextant aber ein Fernglas von mindestens 4facher Vergrößerung hat, sieht man's auf die kurze Distanz auch ohne diese Probe.

2.3 Lotungen

Muß aus Gründen unmittelbarer Gefahr gelotet werden, ist mit jeder Lotmethode langsamste Fahrt geboten.

Handlot 2.30

Lotungen nur in langsamer Fahrt möglich; für ungeübte Lotgäste maximal 3...4 kn. Tampen der Lotleine an der Reling befestigen, damit das Lot nicht verlorengeht. Lotleine mit der Wurfhand in die freie Hand wie eine Wurfleine aufschießen. Lotmasse weit vorauswerfen, leicht anholen, wenn die Masse den Grund berührt hat und Markierung ablesen, wenn die Leine senkrecht steht.
Abgelesen wird die Marke an der Reling! Nicht die an der Wasseroberfläche. Es müssen deswegen bekannt sein:

1. Höhe der Reling über der Wasserlinie
2. Höhe der Reling über Kielunterkante

Als Lotmasse genügen auf Kleinschiffen und Yachten 3...5 kg an 35...45 m Leine. Längere Leine, größere Masse zum Ausgleich des Leinenauftriebs. (Die Dichte der üblichen Manilaleine gegen Seewasser ist etwa 0,77.) Auf die Fallgeschwindigkeit hat Masse sonst keinen Einfluß. Die größere Masse gleichen Materials und ähnlicher Form fällt im Widerstandsmedium wegen ihres größeren Formwiderstands sogar langsamer.

Lotungsbeschickung 2.31

Die Tiefenangaben in Karten beziehen sich auf Niedrigwasser – genaue Auskunft gibt der Kartentitel. Lotungen müssen deshalb für den Stand des Tidenhubs zur Lotungszeit auf Kartenlotung beschickt (berichtigt) werden. Es handelt sich immer um einen Abzug.

310 Zwölftelregel

Der Wasserstand steigt und fällt nicht gleichmäßig. Man präge sich die leicht zu behaltende Zwölftelregel ein:

1. Stunde Steigen oder Fallen = 1/12 Tidenhub
2. Stunde Steigen oder Fallen = 2/12 Tidenhub
3. Stunde Steigen oder Fallen = 3/12 Tidenhub
4. Stunde Steigen oder Fallen = 3/12 Tidenhub
5. Stunde Steigen oder Fallen = 2/12 Tidenhub
6. Stunde Steigen oder Fallen = 1/12 Tidenhub

MERKE: 1 - 2 - 3 - 3 - 2 - 1

Beispiel Helgoland, 1977-07-03:
MEZ 0736 NW 3,5 m - MEZ 1316 HW 6,3 m - TH = 2,8 m

1. h: 1 x 2,8/12 = 0,23 ... Lotung ≈ 6,07 m ... Abzug 2,57 m
2. h: 2 x 2,8/12 = 0,47 ... Lotung ≈ 5,60 m ... Abzug 2,10 m
3. h: 3 x 2,8/12 = 0,70 ... Lotung ≈ 4,90 m ... Abzug 1,40 m
4. h: 3 x 2,8/12 = 0,70 ... Lotung ≈ 4,20 m ... Abzug 0,70 m
5. h: 2 x 2,8/12 = 0,47 ... Lotung ≈ 3,73 m ... Abzug 0,23 m
6. h: 1 x 2,8/12 = 0,23 ... Lotung ≈ 3,50 m ... Abzug 0,00 m

Eine genauere Rechnung ist selten nötig, weil die Tidenkalender auch nur ungefähr stimmen.
Zu berücksichtigen ist weiter die *Relingshöhe* beim Handlot und der *Schwingertiefgang* bei Echolot (falls dessen Anzeige nicht auf Wasserlinie korrigiert ist).
In Flußmündungen sind diese Regeln nie anwendbar, auch nicht für Southampton – da geht es nicht ohne Tidentafeln.

Nichtmetrische Tiefenangaben 2.32

Amerikanische und englische Seekarten werden nach und nach auf metrisches Maß umgestellt. Aber es gibt noch viele Kartenwerke, bei denen dieser international beschlossene Umstellungsprozeß sehr lange dauern kann. Die nichtmetrischen Länder sind:

Land	Maß	Fuß	Meter
Argentinien	Braza	6,000	1,829
Australien	Fathom	6,000	1,829
Canada	Fathom	6,000	1,829
Dänemark*	Favn	6,176	1,882
Großbritannien*	Fathom	6,000	1,829
& USA	Feet	1,000	0,3048
Niederlande*	Vadem	5,905	1,800
Norwegen*	Favn	6,176	1,882
Schweden*	Famn	5,844	1,781
Türkei	Kulac	6,000	1,829
USSR	Saschemj	6,000	1,829

* Antiquarische Exemplare.

Fuß-Lotungen in US-Karten findet man in Karten größeren Maßstabs, wie Hafenplänen. Das Fathom stammt aus einer Zeit, als man sich über die Länge einer Bogenminute am Äquator – die Seemeile – international noch nicht einig war.

2.4 Funknavigation

Aufstellung der Funkbeschickung **2.40**

Die Funkbeschickung (Funkfehlweisung) f ist der Unterschied zwischen einer optischen Seitenpeilung σ und der im selben Moment gemessenen Funkseitenpeilung q, wobei q die Resultierende aus der ankommenden Senderwelle und den Rückstrahlwellen von Schiffsaufbauten, Takelage und Funk- und Rundfunkantennen ist.

$$f = \sigma - q$$

Funk- und Rundfunkantennen zur Aufstellung der Funkbeschickung und beim Peilen abstellen aber *nicht erden.*
Im Normalfall ist die Funkstrahlablenkung in den Halbquadranten der Seitenpeilrose am größten, und im 1. und 3. Halbquadranten (045 und 225 Grad) ist die optische Peilung deutlich größer als die Funkpeilung; mit anderen Worten: Im 1. und 3. Seitenpeilquadranten ist *f* positiv anzubringen, im 2. und 4. negativ.

400 Beschickungsaufstellung mit Sender in Sicht

Mit Rücksicht auf die Wellenlänge der Funkfeuer, die im Bereich um 1000 m liegt, sollte der Abstand des Schiffs von der Antenne des Funkfeuers etwa 5000 m betragen ≙ 2,7 sm, doch bei kleinen Schiffen wird man wegen der primitiven Mittel und Unruhe des Schiffs auf 1,5 ... 2,0 sm herangehen müssen.
Ein anderes Entfernungskriterium ist die Parallaxe der Beobachtungen, wenn Peilscheibe und Peilrahmen sehr weit auseinanderstehen. Die Entfernung zum Sender soll mindestens das 200fache des Abstandes der Peilscheibe zur Peilrahmenantenne betragen; bei 12 m Abstand wären das 2400 m ≙ 1,3 sm. Bei kleinen Schiffen spielt dies Kriterium also keine wesentliche Rolle.
Kleinschiffe und Yachten werden wegen ihrer großen Zahl kaum Freunde gewinnen, wenn sie Feuerschiffe oder landgebundene Funkfeuer um Aussendung eines eine halbe Stunde langen Dauertons zur Aufstellung ihrer Funkbeschickung in Schritten von 5 zu 5 oder auch nur 10 zu 10 Grad bitten. Auch die auf Anforderung und gegen Rechnung arbeitenden Funkbeschickungsfeuer kommen nicht in Frage. Es empfiehlt sich deshalb das abgekürzte Verfahren mit der Funkbeschickungsformel.

401 Kurzverfahren zur Funkbeschickungsaufnahme

Es wird gedreht und *f* auf *q* = 000, 045, 090, 135, 180, 225, 270 und 315 Grad bestimmt.

Die Gleichung der Funkbeschickung ist

$$f = A + B \sin q + C \cos q + D \sin 2q + E \cos 2q + K \sin 4q$$

Darin sind $A \ldots K$ gewisse Beiwerte, die berechnet oder auch aus Fulst, „Nautische Tafeln Nr. 11" für Schritte von 10 zu 10 Grad in ein Funkbeschikkungsdiagramm (Abb 2.40) Punkt für Punkt übertragen werden. Eine solche Zeichnung empfiehlt sich, weil sie „Ausreißerwerte" durch Fehlmessungen sofort zu erkennen gibt.

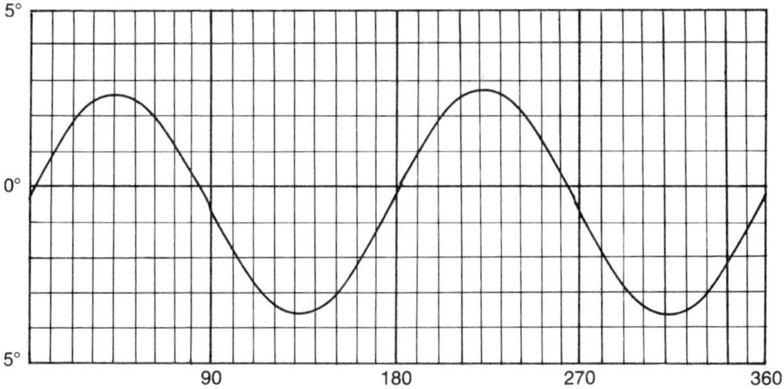

A Verursacht durch außermittig aufgestellten Peilrahmen oder verstimmte seitliche Schleifen oder Winkelfehler zwischen Peilrahmen und seiner Peilrose. Fehler ist konstant.

B Fehler durch Rückstrahlungen von Masten oder Stagen usw. genau vorlich und achterlich vom Peilrahmen.

C Rückstrahlung durch quer einkommende Strahlung.

D Rückstrahlungen von verstimmten Längs- und Querschleifen symmetrisch zur Mittschiffsebene.

E resultiert aus Schleifen quer und schräg zur Mittschiffsebene.

K ist eine Folge von D.

$$A = \frac{f_0 + f_{90} + f_{180} + f_{270}}{4}$$

$$B = \frac{f_{90} + f_{270}}{2}$$

$$C = \frac{f_0 + f_{180}}{2}$$

$$D = \frac{f_{45} + f_{135} + f_{225} + f_{315}}{4}$$

$$E = \frac{f_0 + f_{90} + f_{180} + f_{270}}{4}$$

$$K = \frac{\sin^2 D}{2} = \frac{D^2}{2 \cdot 57{,}3}$$

Meist überwiegt D, weil B und C zu klein sind, so daß praktisch beschickt werden kann mit

$$f = D \sin 2q$$

Steht aber der Peilrahmen seitlich der Schiffslängsachse, bekommt *E* einen Wert, der mit berücksichtigt werden muß.

Für eine Hilfsantenne ist *f* bei einem *q* von 0° oder 180° klein, von 90° oder 270° dagegen groß. Die Rückstrahlfeldstärke einer abgestimmten Hochantenne in Längs- oder Querrichtung wird zusätzlich berücksichtigt als

$$f = B \sin q + C \cos q$$

Der Peilrahmen sollte, wenn möglich, mittschiffs und hoch über Deck stehen.

402 Beschickungsaufstellung bei unsichtbarem Sender

a) Eigener Ort und Kompaßfehlweisung bekannt:

Man berechne das Funkazimut (rw Großkreispeilung) Z_s des Senders mit der Cotangens-Azimutformel:

$$\cot Z_s = \frac{\tan \varphi_s \cos \varphi_o - \sin \varphi_o \cos (\lambda_o - \lambda_s)}{\sin (\lambda_o - \lambda_s)} = \frac{y}{x}$$

Wenn die Rechenmaschine über eine Koordinatenumwandlung verfügt, setzen Sie den Term überm Bruchstrich als *y* und den unterm Bruchstrich als *x* und drücken R→P. Zum angezeigten Winkel sind 270° zu addieren, und wenn das Ergebnis ≧360° wird, sind 360° abzuziehen. Das Ergebnis ist das (rw) Funkazimut des Senders, wenn folgendes beim Rechnen beachtet wird:
Der Index *o* betrifft den eigenen Schiffsort, der Index *s* den Senderort. Die Senderlänge λ_s muß immer von der Schiffslänge λ_o abgezogen werden, aber die Längen sind dabei mit Vorzeichen (E +, W −) einzugeben. (Die in diesem Buch schon mehrfach erwähnte strenge Unterscheidung zwischen Vorzeichen und Operation!) Die Breiten φ sind ebenfalls vorzeichenrichtig (N +, S −) einzugeben.
Diese Formel ist genauer als die Rechnung mit Breiten- und Längenunterschied für die Loxodrome und „*u* polwärts".*

Man dreht das Schiff und peilt den Sender etwa alle 10° und bildet rw Kurs + *q* = unbeschicktes Funkazimut; die Differenz zwischen diesem und dem berechneten Funkazimut ist die Funkbeschickung *f* für die betreffende *rohe* Funkseitenpeilung *q*. Die Ergebnisse faßt man am besten tabellarisch zusammen:

Kompaß-kurs	Fehl-weisung	rw Kurs	Funkplg *q*	rohes Funkazim	berechn *Zs*	*f*
017	−2,5	014,5	17,5	032	035	+3
usw						

* Das in Müller, Krauß [9], Bd I, S. 187 berechnete Beispiel hat einen Azimutfehler von + 7′.

b) Eigener Schiffsort nicht bekannt:
Das Verfahren a) ist auch dann anwendbar. Man dreht das Schiff und notiert alle rohen Funkazimute von 10 zu 10 Grad (große Yachten besser alle 5°) und addiert sie, teilt sie sodann durch die Zahl der einzelnen Peilungen – der so gebildete Mittelwert ist bei Yachten und kleinen Schiffen in guter Annäherung die Großkreispeilung des Senders – der Wert ist exakt, auch bei großen Schiffen, wenn die Peilantenne mittschiffs steht und kein *A* vorhanden ist.
Das abgekürzte Verfahren nach 401 empfiehlt sich für a) und b) wohl nicht, ausgenommen mit der binsenweisen Bemerkung, daß wenig besser ist als gar nichts. Dubiose Beschickungskurven sollte man bei jeder sich bietenden Gelegenheit nachprüfen. Wichtig ist, daß unsichtbare Sender bei der Aufstellung der Beschickungskurve auf keinen Fall näher sind als das 200fache des eigenen Drehkreises, und wenn man Rundfunksender auswählt, sollten sie im Langwellenbereich senden und nicht so tief im Binnenland stehen wie Luxembourg oder Moskau.

Funkeigenpeilung 2.41

Der Ausdruck besagt, daß man selber mit einer richtungsempfindlichen Antenne und einem mit dieser verbundenen Radioempfänger ein nach Aufstellungsort der Sendeantenne, Arbeitsfrequenz und Kennsignal bekanntes Funkfeuer anpeilt.
Wegen der Technik dieses Peilens und der damit verbundenen Fehlermöglichkeiten muß auf die spezielle Literatur verwiesen werden [12].
Wird die Funkseitenpeilung (immer vollkreisig!) mit p bezeichnet, so ergibt sie sich aus der rohen Funkseitenpeilung q und der algebraischen Addition der Beschickung f:

$$p = q + (\pm f)$$

Die im Zeitpunkt der Peilung anliegende rechtweisende Kielrichtung κ_k wird zu p addiert, was das Funkazimut Z_s ergibt – dieses ist identisch mit dem Anfangskurs eines Großkreises (→ 1.2), der auch mit der Formel im vorstehenden Abschnitt 2.402 berechnet worden ist.

$$Z_s = p + \kappa_k$$

Bei Längenunterschieden < 2° darf das Azimut wie eine optische Peilung behandelt werden, solange die mittlere Breite ≦ 45° ist.

Bei Längenunterschieden ≦ 4,5° und mittleren Breiten 0 ... 80 grd muß das Funkazimut durch äquatorwärtiges Anbringen des halben Konversionswinkels u (Abb 2.410) zur loxodromischen Peilung P_{lox} verwandelt werden, die man als Standlinie in die Karte eintragen kann.

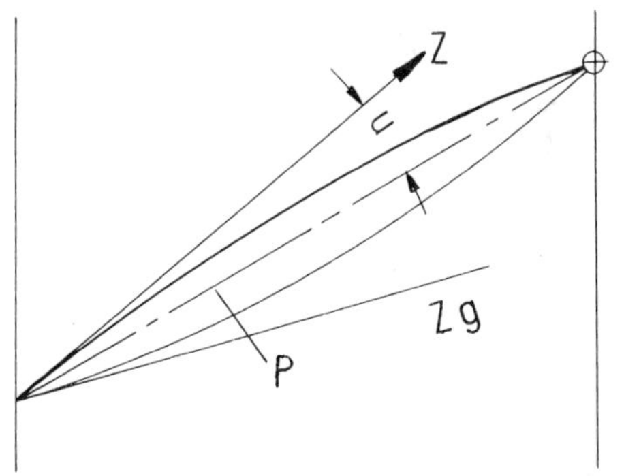

Abb 2.410

In Breiten > 80° müssen auch optische Peilungen so verwandelt werden.

$$\tan u = \frac{1}{2} \tan \Delta\lambda \sin \varphi_m$$

λ Länge in grd, φ_m mittlere Breite in grd, Δ Unterschied.
Auf die vereinfachte Formel für kleine Längen- und Breitenunterschiede wird hier verzichtet, weil zu viele Formeln bei der Verwendung von Rechenmaschinen hinderlich sind.

410 Funkfernpeilungen

Die stärksten Funkfeuer haben Reichweiten von 200 sm. Man kann sie oft auf größere Entfernungen empfangen, aber das dazu in Lehr- und Handbüchern und im „Nautischen Funkdienst" gezeigte Verfahren – wir zeigen es hier für den Umgang mit dem Computer – ist nur in der Theorie so perfekt. Für alle Funkfernpeilungen gilt die Wahrheit aus Bowditch [3]: „Die erhaltenen Positionen sind allgemein nicht genau genug, um als Fix bezeichnet zu werden und werden deshalb gewöhnlich als Schätzung gewertet."

Azimutgleiche ist eine gedachte Linie, die man sich als den Anfang einer Schar von Großkreisbogen zu immer demselben Ziel vorstellen kann, von der aus man immer denselben Anfangskurs zu dem Ziel hat. Diese Linie bildet im Standort auf einem Großkreis mit diesem den Konversionswinkel $v \approx 2u$. Die Loxodrome ist ungefähr die Symmetrieachse zwischen dem Großkreisbogen und der zu ihm gehörenden Azimutgleiche. Die Verbindung zwischen dem Gißort und dem durch das gefundene Funkazimut bestimmten Punkt auf einem Großkreis *muß* eine Azimutgleiche sein. Der Schiffsort aus mehreren Großkreispeilungen verschiedener Sender ist der Schnittpunkt der zugehörigen Azimutgleichen.

Es bezeichnen im folgenden:

Breite: φ_g Gißort, φ_s Senderort, φ_m mittlere, φ_L Leitortbreite,
$\Delta\varphi$ Unterschied, alle in Grad.

Länge: λ_g Gißort, λ_s Senderort, $\Delta\lambda$ Unterschied, alle in Grad.

Z_s Funkazimut/°, u halber Konversionswinkel/°, P loxodromische Peilung/°, M_L Meridionalteil des Leitpunktes (→0.321), Z_g Richtung der Azimutgleiche im Leitpunkt. 3437,75 = 1/tan 1′. dln entlogarithmieren des natürlichen Logarithmus ln. West negativ!

(Wegen näherer Beschreibung verweise ich auf „Nautischen Funkdienst" des DHI oder Lit [9].)

Die Entfernung vom Sender kann mit der Höhenformel aus der astronomischen Navigation berechnet werden, wenn die Breite des Senders anstelle

Deklination und der Längenunterschied anstelle des Meridian- oder Stundenwinkels eingesetzt wird.
Das Funkazimut Z_s wird aus berichtigter Funkseitenpeilung und rechtweisender Kielrichtung gebildet. *Jeder Kursfehler fälscht mit seinem vollen Wert das Funkazimut!*

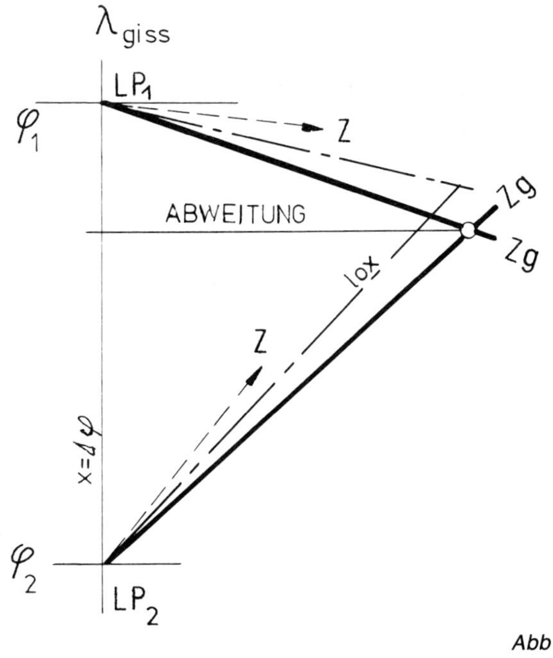

Abb 2.411

Rechengang:

1) $\varphi_m = \varphi_g + (\varphi_g \sim \varphi_s)/2$ ($\sim$ größere minus kleinere)

2) $u = \arctan\left(\tan \Delta\lambda \cdot \sin \varphi_m \frac{1}{2}\right)$

3) $Z_s \pm u = P$ (u äquatorwärts anbringen)

4) $M_L = 3437{,}75 \ln \tan (45 + \frac{\varphi_s}{2}) + (60\ \Delta\lambda/\tan P)$

5) $\tan (45 + \frac{\varphi_L}{2}) = \mathrm{dln}\ \frac{M_L}{3437{,}75} = Q$

6) $\varphi_L = (\arctan Q - 45) \cdot 2$

7) $Z_g = P \pm u$ oder $Z \pm 2u$

Das läßt sich leicht programmieren, wobei man dem Rechner auch noch die Lösung programmiert, die beiden Z_g nach Peilung von zwei Funkfeuern zum Schnitt zu bringen und die Koordinaten des *geschätzten* oder *vermutlichen* Schiffsortes auszurechnen, → Abb 2.411.

Andere Funkortungsverfahren 2.42

Die Verfahren werden hier nicht behandelt, weil die mathematischen Probleme entweder zu speziell sind (Decca, Loran, Omega, Satelliten) und besondere Karten oder sogar Computer verlangen, die speziell dafür entwickelt worden sind (das Consolverfahren verliert schnell an Bedeutung), oder zu simpel wie bei der Funkzielfahrt.

Radar 2.43

Das Radar ist ein Funkmeßgerät. Es sendet einen gebündelten kurzen Impuls einer sehr hochfrequenten elektromagnetischen Welle aus und

schaltet mit einem elektronischen Schalter um auf Empfang, damit das Echo des Impulses empfangen werden kann. Gemessen werden die Laufzeit des Impulses zwischen Aussendung und Rückkehr des Echos und die Seitenpeilung und zu einem Bild auf einer Bildröhre (Abb 2.430) verwandelt – wie, das soll hier nicht erörtert werden.
Ausführlicheres siehe Literaturverzeichnis [10].

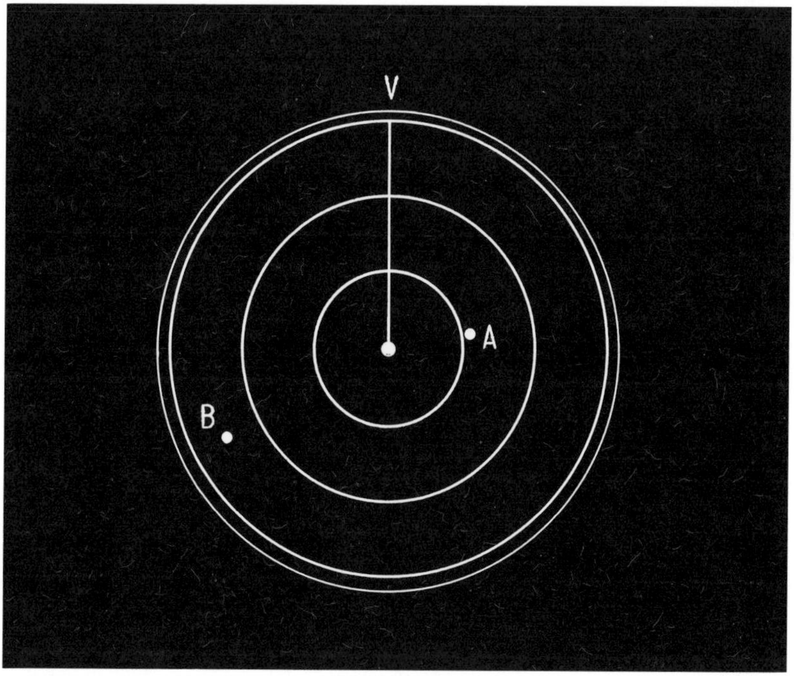

Abb. 2.430
Die Bereichseinstellung sei 6 sm, Ringabstand 2 sm. V = Vorausrichtung. A peilt 080° Seite in 2,3 sm Abstand; B peilt 242° in 5 sm Abstand.

430 Reichweite, Horizont

Die Radarstrahlung mit einer Frequenz im Bereich von rund 9 GHz (Zentimeterwellen) wird etwas stärker gebeugt als Lichtstrahlen, folglich ist der Radarhorizont etwas weiter als der optische, nämlich

$d = 2{,}21\sqrt{h}$ (h/m Antennenhöhe)

Die Dezimeterwellen (~ 3 GHz) reichen noch etwas weiter über die geometrische Kimm hinaus und durchdringen auch besser Regen und Schnee, haben aber geringeres Auflösungsvermögen (zeichnen nicht so detailliert und scharf). Der Kompromiß der Großschiffahrt: Zwei Radars; eins für 9 GHz und eins für 3 GHz. (1 GHz = eine Milliarde Hertz.)

431 Terrestrische Orientierung

Laien halten dies für den Hauptzweck des Radars, aber es ist nur ein wichtiger Teilzweck; freilich auch nicht ein Jota weniger. Doch viele Küsten mit schwierigen Wasserverhältnissen davor geben nur schlechte und wenig markante, um nicht zu sagen: langweilige Echos – so die französische Küste bei der Somme-Mündung für die Orientierung zur Einsteuerung aus West in die Straße von Dover.

Tonnenechos sieht man nicht an, was auf den Tonnen steht. Es kann im Unglücksfall auch das Echo einer Tonne sein, die nur über eine Bank mit 30 cm Wasser darüber zu erreichen ist.

Die vom Radar angezeigten Entfernungen sind viel zuverlässiger als die von ihm angezeigten Peilungen, deren Richtigkeit auch von der Qualität des Rudergängers abhängt – wie jede Seitenpeilung. Ein recht sicherer Schiffsort aber ist gegeben, wenn wir die vom Radar gemessenen Abstände zu, sagen wir, zwei markanten Landvorsprüngen und einer kleinen Insel oder Tonne in den Zirkel nehmen und damit Kreisbögen um das jeweilige Peilobjekt schlagen. Auch zwei solche Abstandskreise nach Radar um zwei Objekte verdienen die Bezeichnung „Fix“, → Abb 2.431, denn die Peilungen schließen einen Irrtum über den richtigen Schnittpunkt aus.

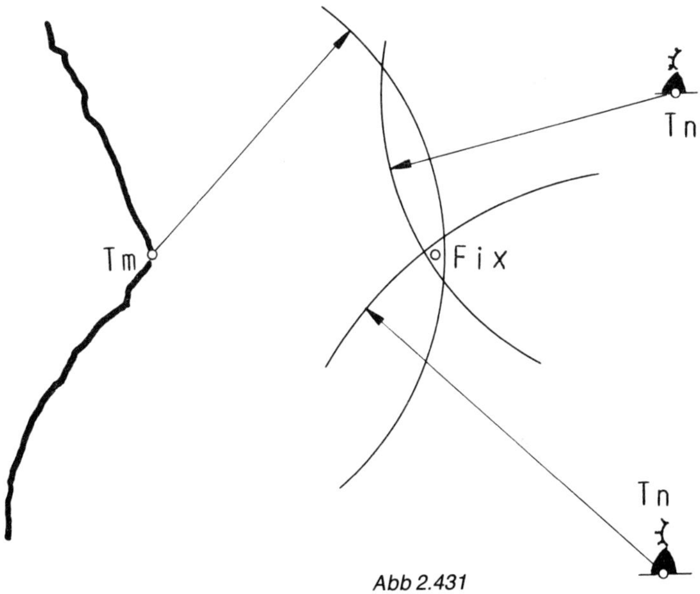

Abb 2.431

432 Relativbewegungen

Bitte lesen Sie im Abschnitt 1.3 nach, wo die Probleme auch für Radar ausführlicher abgehandelt sind.
Das Erscheinen des Echos von einem anderen Schiff nennt man einen „Kontakt“. Einen jeden Kontakt muß man in seiner nur allmählich sich ändernden Bewegung auf dem Bildschirm sorgfältig verfolgen, besonders wenn er im Steuerbordsektor liegt. Peilscheibe auf ihn einstellen: Ändert sich die Peilung nicht oder nur wenig in 12...18 min, dann bedeutet das Kollisionskurs.

MERKE: Privilegierte Schiffe (Kurshalter), denen wir ausweichen müssen, erscheinen im Radar nicht unbedingt im Seitensektor von 0...113 grd.

Einstellbereich für die Fahrt auf See 12 sm für die allgemeine Überwachung und Kontaktaufnahme. Einleitung des Ausweichmanövers auf spätestens (!) 6 sm; (→ 1.502 Nahbereich).
Es ist uns aus der Praxis bekannt, daß es schwierig ist, auf einem kleinen Schiff ein vernünftiges Radarplotting zu zeichnen, weil es schwierig ist, das eigene Boot genau auf Kurs zu halten. Tun Sie es trotzdem, wobei mehrere Kontakte mit Buchstaben zu bezeichnen sind, was vor allem dann nützlich ist, wenn man selber den Kurs ändern muß, womit sich ja die ganze Umgebung auf dem Radarschirm dreht.

434 Radarreflektor

Zu glauben, ein Boot aus Holz oder Kunststoff brauche keinen, wenn es ein Radar hat, ist ein Irrtum. Es würde nur von einem fremden Radar entdeckt, das auf derselben Frequenz arbeitet – als Störung, die sich als gepunktete leicht gerundete Strahlen vom Zentrum des Bildschirms aus zeigen.
Die Rückstrahlfläche eines Radarreflektors ist beträchtlich größer als dessen äußere Abmessungen, und das entscheidende Maß ist die Länge einer Innenkante *a* von der Mitte bis zu einer Spitze. Rückstrahlfläche:

$$A_r = \frac{4\pi\, a^4}{3\lambda^2}$$

π Kreiskonstante (3,14159), λ Wellenlänge der Radarfrequenz (ca 3 cm).
Die Länge der Innenkante *a* ist von besonderer Bedeutung (→Abb 2.434), weil sie in der vierten Potenz steht, d h, eine geringe Vergrößerung dieses Maßes um 50% auf das 1,5fache, steigert die Reflexionsfläche auf das 5,06fache.
Wichtig für eine gute Reflektorwirkung, nach der Bedeutung geordnet sind:

1) Ebenheit und exakt rechtwinklige Stellung der drei Reflektorebenen zueinander,
2) richtige Aufhängung in Regenfangstellung, d h, ein Triplewinkel muß nach oben zum Zenit zeigen, so daß er als Regenfänger wirkt – es kommt aber nicht auf den Regen an, sondern auf die Reflektorstellung.

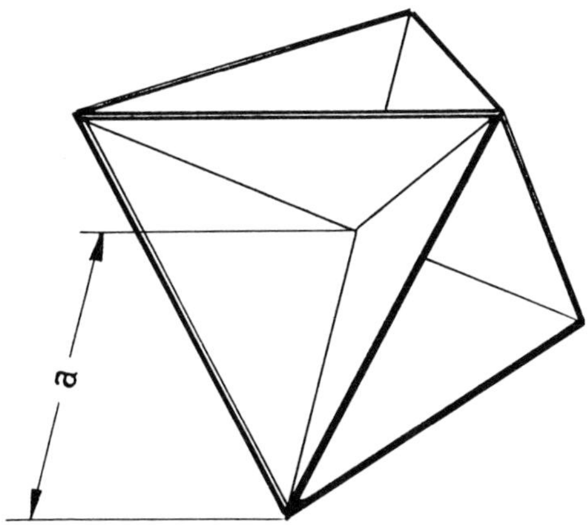

Abb 2.434

3) Reflektor möglichst hoch setzen. Ein 4 m über Wasser gesetzter Reflektor wird auf einem Großschiffradar mit 23 m Antennenhöhe auf 6 sm sichtbar, für 12 m Antennenhöhe erst auf 4 sm.

Untauglich sind alle Reflektoren länglicher Art mit Multiecken oder zylindrischer Gestalt. Von den unüblichen, vom Achteckenreflektor abweichenden Reflektoren ist nur der japanische *Lensref* brauchbar, es ist der beste Reflektor überhaupt, aber auch der teuerste; er hat Kugelgestalt (360 mm ∅) und stellt eine quasioptische Linse aus Plastik für Radarstrahlen dar, die die einfallende Strahlung auf einem Hohlspiegelring sammelt, der die Strahlung aus jeder Richtung gleich stark reflektiert. Preis über 1000 DM (1977).
Noch eine Bemerkung zum Maß *a*: In schlechtem Wetter benützt die Großschiffahrt vorzugsweise das Dezimeter-Radar ($\lambda \approx 10$ cm), weil dies Niederschlag und Nebel besser durchdringt. Das macht den Reflektor *kleiner,* weil das größere lambda unterm Bruchstrich steht.

Falsche Reflektoraufhängung:

Aufhängung Spitze oben Spitze unten, oft durch falsche Löcheranordnung ahnungsloser Reflektorfabrikanten provoziert, gibt selbst auf kurze Sichtweite bei glatter See schlechte Echos – bis gar keine, was vermutlich auch noch eine Folge nicht winkelrechter und zu dünner, verbogener Bleche ist. Nicht so schlimm ist nach unseren nun schon langjährigen Radarbeobachtungen, wenn sich ein richtig aufgehängter Radarreflektor drehen kann; das Blip auf dem Bildschirm zwinkert dann etwas.
Wichtig ist vor allem Höhe, damit sich das Reflektorecho aus der Seegangstrübung heraushebt.
Wenn Sie bei Nacht und Nebel mehrere Gegenkommer auf dem Bildschirm sehen, die auf 6 sm noch keine Ausweichzeichen geben oder trotz ihres eigenen Manövers nicht richtig frei vom Vorausstrich auf Ihrem Bildschirm kommen, dann lassen Sie alle Schläfer an Bord wecken und an Deck kommen. Ist die Lage auf 3 sm noch nicht klarer, dann sollen alle Mann schnell Rettungswesten anlegen.
Es muß dazu leider gesagt werden, daß kleine Küstenfahrer im Küstenfahrbereich nicht immer sicher vor Eckenkratzern der Großschiffahrt sein können.

2.5 Schall

Schallgeschwindigkeit 2.50

Die Schallgeschwindigkeit ist unabhängig von der Schallfrequenz (Tonhöhe) und abhängig von den Eigenschaften des leitenden Mediums, insbesondere von dessen Elastizitätsmodul und Dichte.

500 Feste Stoffe

Die Schallgeschwindigkeit c/ms^{-1} ist $c = \sqrt{E/\rho}$

E in $\mathrm{N/m^2}$ der Elastizitätsmodul, ρ in $\mathrm{kg/m^3}$ die Dichte. Strenggenommen gilt die Gleichung nur für Stäbe.

501 In Wasser

$$c = \sqrt{1/(\rho\, k)}$$

k ist der Kompressibilitätskoeffizient, der für Wasser die Größe 5,0986 · 10^{-10} m^2/N hat. Für die Dichte von Seewasser gilt meist $\rho = 1023$ kg/m^3, für Frischwasser $\rho = 1000$ kg/m^3. Damit ergibt sich für

Seewasser $c_{sw} = 1384{,}6$ m/s
Frischwasser $c_{fw} = 1400{,}5$ m/s

502 In Luft

Eine gute Näherungsformel für die Schallgeschwindigkeit in Luft ist

$$c \approx 331{,}6 + 0{,}6\, t\ °C\ [m/s]$$

Folgende Tabelle gibt eine Übersicht.

Schallgeschwindigkeit in trockener Luft

Lufttemp. °C	Geschwindigkeit m/	kn	kbl/s
−15	322,4	628,6	174,6
−10	325,5	634,7	176,3
− 5	328,5	640,7	178,0
0	331,6	646,6	179,6
+ 5	334,6	652,5	181,3
10	337,6	658,4	182,9
15	340,6	664,1	184,5
20	343,5	669,9	186,1
25	346,5	675,6	187,7
30	349,3	681,2	189,2
35	352,2	686,8	190,8
40	355,1	692,4	192,3

Die Schallgeschwindigkeit kann man zu Abstandsmessungen nützen. Z B bei der Fahrt vor hohen Küsten durch ein kurzes Schallsignal und Messen der Laufzeit bis zur Rückkehr des Echos. Multipliziere die *halbe* Laufzeit mit der Schallgeschwindigkeit, dies ergibt den Abstand. Die Mitte in einem Fjord hält man im Nebel, wenn man so fährt, daß beide Echos gleichzeitig ankommen.

Dampfschiffe zeigen beim Geben eines Schallsignals meist noch eine weiße Dampfwolke, Motorschiffe manchmal ein gleichzeitig aufleuchtendes Gelblicht, damit man unter zahlreichen Schiffen den Signalgeber herausfinden kann. Die Sekunden zwischen optischem Synchronsignal und Ankommen des Schalls sind, mit der Schallgeschwindigkeit multipliziert, die Entfernung zum Signalgeber. *Faustregel:*

$$0{,}18 \cdot \text{Sekunden} = \text{Distanz/sm}$$

oder, noch ungenauer:

$$\text{Sekunden} : 5 = \text{Distanz/sm.}$$

Schallausbreitung 2.51

Wenn die Schallquelle klein gegen die Länge der Schallwelle ist, und das ist sie bei allen Nebelhörnern und „Pfeifen“ (SeeStrO), dann breitet sich der Schall kugelförmig aus – halbkugelförmig über der Wasserfläche. Die Richtung der Typhone (Pfeifen sind andere Konstruktionen) verzerrt die Halbkugel etwas zu einem Halbei mit dem größeren Halbmesser in Schiffsvorausrichtung. Das macht die Berechnung des Intensitätsverlustes ΔJ/W m^{-2} etwas komplizierter, was aber für die Praxis auf See zu spitzfindig wäre.

510 Abnahme der Lautstärke

Da die Kugelfläche mit zunehmender Entfernung von der Schallquelle immer größer wird, verteilt sich die an der Quelle in das Signal gesteckte Leistung P/Watt auf immer größere Fläche: W/m^2; die Intensität J wird geringer im Verhältnis J/r^2. Dasselbe gilt für den Schalldruck: p/r^2.

Beispiel:
Das Typhon eines großen Dampfers hat eine Lautstärke von 143 dB(A), bezogen auf die untere Hörschwelle mit $J_o = 10^{-12}$ W/m² (1000 Hz) oder 0 dB(A). Die Intensität bei 143 dB(A) errechnet sich aus der Dezibeldefinition:

$$143 \text{ dB} = \log \frac{J_1}{J_0} \cdot 10; \log \frac{J_1}{10^{-12}} = 143 : 10 = 14,3$$

$$\text{delog } 14,3 = 1,9953 \cdot 10^{14} = J_1 / 10^{-12}; J_1 = 1,9953 \cdot 10^2 \text{ W/m}^2$$

In 2 sm = $3,704 \cdot 10^3$ m wäre dann die Schallintensität $J_2 = J_1/(3,704 \cdot 10^3)^2 = 1,4543 \cdot 10^{-5}$. Wandeln wir dies wieder zu Dezibel (A):

$$10 \log \frac{1,4543 \cdot 10^{-5}}{10^{-12}} = 71,6 \text{ dB(A)}.$$

Wer versucht, einfach die 143 db(A) des Typhons durch das Quadrat der Entfernung zu teilen, kommt zu einem falschen Ergebnis.
Man kann die Rechnung auch mit dem Schalldruck durchführen, doch dann ist dB(A) = $20 \log p1/10^{-2}$, wobei der Druck jetzt in N/m² einzusetzen ist (ältere Tabellen nennen ihn noch in µbar = 10 N/m²).

511 Schallbeugung und Reflexion

Weiter oben zeigten wir tabellarisch, daß der Schall sich in warmer Luft schneller ausbreitet als in kühler. Dies führt bei Windstille wegen der über dem Wasser meist kühleren Luft zu einer Beugung der Schallwellen nach unten zum Wasser hin (Abb 2.510). Das kann dazu führen, daß, ähnlich wie bei der Interferenz von Raum- und Bodenwelle in der Funktechnik, in bestimmten Entfernungen von der Schallquelle Fading, in einer anderen Entfernung Verstärkung auftritt.

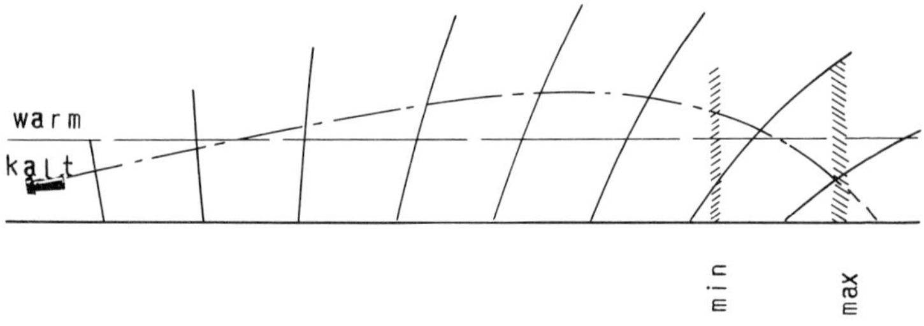

Abb 2.510

Eine schalltote Zone kann auftreten, wenn zwischen einer unteren und einer oberen Warmluftschicht eine Schicht Kaltluft liegt (Abb 2.511), weil der Schall in der Kaltluft zuerst vom Boden weggebeugt wird.
Trifft der Schall auf eine scharfe Grenze zwischen einem dünneren und einem dichteren Medium (Dichtesprung), dann wird er ganz oder zum Teil reflektiert. Schall an der Luft/Wassergrenze wird zu 5% durchgelassen, der Rest wird reflektiert, und das gilt für beide Richtungen. Reflexionsflächen, die kleiner als die Wellenlänge des Schalls sind, geben kein Echo, sie machen den Schall diffus.

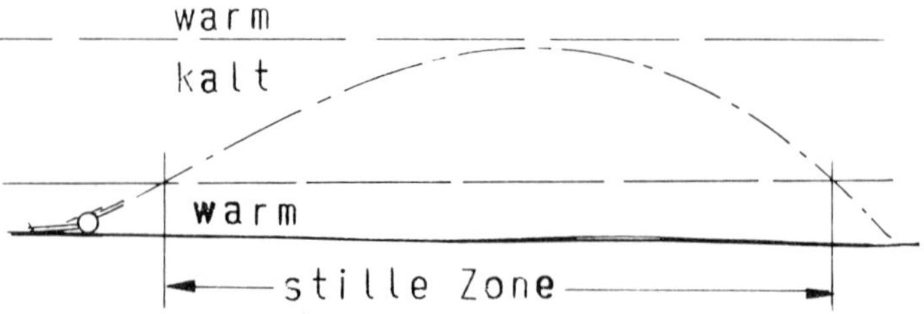

Abb 2.511

Signalhörner, „Pfeifen" 2.52

Die jetzt gültige Seestraßenordnung hat im Gegensatz zur früheren ziemlich exakte Vorschriften für die Schallsignalmittel. Ohne hier auf die für Signalhornhersteller wichtigen akustischen Feinheiten einzugehen, gebe ich folgende Zusammenstellung:

Schiffs-länge m	Frequenz Hz	Pegel dB(A)	Intensität W/m²	Hörgrenzen W/m²	Reich-weite ~ sm
$\geqq 200$	70...200	143	199,5	$501 \ldots 4 \cdot 10^{-10}$	2
75...200	130...350	138	63,1	$2{,}5 \ldots 1 \cdot 10^{-9}$	1,5
20...75	250...700	130	10,0	$100 \ldots 3 \cdot 10^{-12}$	1
< 20	250...700	120	1,0	dto	0,5

Bei der Festlegung dieser Zahlen hat man gehofft, daß die Reichweite in Vorausrichtung der Typhone oder Hörner mit 90% Wahrscheinlichkeit geschafft wird, wenn der mittlere Störpegel an der Beobachtungsstelle 68 dB im Oktavband mit 250 Hz Mittelfrequenz ($J = 5 \cdot 10^{-6}$) und 63 dB im Oktavband mit 500 Hz als Mittelfrequenz ($J = 2{,}5 \cdot 10^{-6}$) beträgt.
Mag sein.

Literatur

[1] Barnaby, K C: Basic Naval Architecture, London, New York, 1960

[2] Defence Mapping Agency Pub Nr. 9: The American Practical Navigator (Bowditch), 2 Bd Washington DC, 1977.

[3] Koch, Kolkmann: Navigation, Hamburg 1970, 1981.

[4] Birr, Kuschinsky, Uhlig: Leitfaden der Navigation (Terrestrisch), VEB, Berlin, 1975.

[5] Fulst: Nautische Tafeln, Bremen.

[6] Marcus: Funknavigation, Herford, 1973.

[7] Stein, W: Navigation leicht gemacht, Bielefeld, 1979.

[8] Junge, H: Größen, Benennungen und Zeichnen in der Navigation (SI-Einheiten und Entwurf DIN 13 312), Sozialwerk für Seeleute eV, Hamburg, 1981.

[9] Müller, Krauß: Handbuch für die Schiffsführung, Bd 1, Berlin 1979.

[10] Strepp, H G: Radar auf Yachten und Kleinschiffen, Bielefeld, 1979.

[–] Ageton: siehe [2]; das Tafelwerk erscheint nicht mehr selbständig.

[–] J. C. Lieuwen: Record Tables für astronomische Navigation, herausgegeben von Maarten Slooves, Hamburg 1982.

17,80

Die **KLEINE YACHT-BÜCHEREI** ist die preiswerte Bibliothek für eingehendes Fachwissen auf vielerlei Spezialgebieten. Diese Bände (Preise vom 1. 1. 83) sind lieferbar:

1 **Das kleine Sternenbuch** von W. Stein DM 15,80
4 **Navigation leicht gemacht** von W. Stein DM 16,80
8 **Wetterkunde** von W. Stein DM 13,80
9 **Knoten, Spleißen, Takeln** von E. Sondheim DM 14,80
10 **Funknavigation auf kleinen Schiffen** von A. Stahnke DM 14,80
13 **8× Wassersport** von B. Webb DM 12,80
16 **Elektrizität auf Yachten** von U. Mohr DM 13,80
21 **Astronomische Navigation** von W. Stein DM 16,80
25 **Beaufort 10 – was tun?** von F. Robb DM 13,80
27 **Medizin an Bord** von Dr. K. Bandtlow DM 14,80
28 **Kleines Signalbuch** von E. O. Braasch DM 10,80
29 **Allgemeines Sprechfunkzeugnis für den Seefunkdienst** v. Overschmidt/Johann DM 16,80
32 **Bootspflege selbst gemacht** von J. Schult DM 14,80
33 **Bootsreparaturen selbst gemacht** von J. Schult DM 10,80
34 **Praktisches Navigieren nach Gestirnen** von M. Blewitt DM 10,80
38 **Kleine Bootskunde für Jollenkäufer** von J. Schult DM 14,80
39 **So arbeitet das Segel** von J. Schult DM 15,80
40 **Segeltechnik leicht gemacht** von J. Schult DM 15,80
41 **Richtig ankern** von J. Schult DM 15,80
42 **Segeln mit dem 7. Sinn I** von J. Schult DM 14,80
44 **Mann über Bord – was tun?** von J. Schult DM 14,80
47 **Außenborder** von H. Donat DM 12,80
48 **Segeln mit dem 7. Sinn II** von J. Schult DM 14,80
49 **Die neue Seestraßenordnung für den Sportschiffer** von A. Bark DM 14,80
50 **Spinnakersegeln** von B. Aarre DM 10,80
52 **Kleine Boote selbst gebaut** von H. Donat DM 14,80
54 **Die Wettsegelbestimmungen 1981–1984** von E. Twiname DM 16,80
55 **Bootsmotoren – Diesel u. Benzin** von H. Donat DM 15,80
57 **Die neue Seeschiffahrtstraßen-Ordnung für den Sportschiffer** von A. Bark DM 14,80
59 **Segler-Lexikon** (Doppelband) von J. Schult DM 29,80
60 **Hafenmanöver** von B. Schenk DM 15,80
62 **Radar auf Yachten** von H.-G. Strepp DM 14,80
63 **Bordinstrumente auf Motoryachten** von J. F. Muhs DM 15,80
64 **Taschenrechner in der Navigation** von B. Schenk DM 15,80
65 **Alles über Seenotsignalmittel** v. Edel/Oswald/Schöttmer DM 13,80
66 **UKW-Sprechfunkzeugnis** von G. Hommer DM 15,80
67 **Kompaß-ABC** von A. Heine DM 16,80
68 **Wie baue ich meine Yacht?** von K. Reinke DM 16,80
69 **Formeln und Ratschläge für die terrestrische Navigation** von H.-G. Strepp DM 17,80

Die Bibliothek wird laufend erweitert. Fragen Sie bitte Ihren Buchhändler und beachten Sie unsere Ankündigungen.

Verlag Klasing + Co
Bielefeld